Christine Eigenbrod

Klimabewusst
& glück

Einfach bessere Ents reffen –
für uns un t

oekom

Für Jo

Inhaltsverzeichnis

Prolog

Dieses Buch ist kein Maßnahmenkatalog darüber, was wir alles tun müss(t)en, um das Klima und die Umwelt zu schützen, ich gehe auch nicht im Detail auf die Hintergründe und die Auswirkungen der Klimakrise ein. Sondern ich habe das Buch geschrieben, das ich vor sechs Jahren gebraucht hätte: Damals beschloss ich, alles richtig zu machen in puncto Klima und Umwelt und verfiel dann in eine Phase des blinden Aktionismus, verausgabte mich und hatte gleichzeitig ständig das Gefühl, nie genug tun zu können. Meine Klimabilanz war trotz allem nicht so wie erhofft, ich war frustriert.

Bis ich erkannte, dass klassische Denkfehler, meine Denkmuster und schlecht oder gar nicht geplante Abläufe mir Nerven, Zeit und Geld raubten – und verhinderten, dass ich effektiv zum Klimaschutz beitrage.

Wenn ich in den letzten Jahren eine Sache gelernt habe, dann dies: Es gibt keinen allgemeingültigen Plan zur Klimarettung, es gibt nicht *den* einen Maßnahmenkatalog für alle. Mit diesem Buch möchte ich jeder und jedem die Möglichkeit geben, einen machbaren Plan für sich zu finden, um klimabewusster *und* glücklicher leben zu können. Und zwar ohne superteure Produkte kaufen oder ihr Waschmittel oder ihr Shampoo selbst anrühren oder gefühlt auf alles verzichten zu müssen.

Neben CO_2 gibt es noch viele weitere klimawirksame Gase, einige um ein Vielfaches klimawirksamer als CO_2 selbst. Diese sind unter dem Namen »CO_2-Äquivalente« zusammengefasst, damit sind alle klimawirksamen Gase und ihre unterschiedlichen Wirksamkeiten eingerechnet. Der Einfachheit und besseren Lesbarkeit geschuldet, verwende ich im Fließtext ausschließlich den Begriff CO_2.

1

ALLER ANFANG IST SCHWER

Und nun bitte alle recht »klimafreundlich«! Der Beschluss, (endlich wirklich) nachhaltiger zu leben, kann sehr schön und motivierend sein. Aber dann tauchen viele Dinge auf, die verunsichern – manchmal fangen wir auch an, uns (und andere) unter Druck zu setzen. Gleichzeitig kommt die Frage auf: Ist es mit dem Spaß nun endgültig vorbei? Und: Wie sollen wir das schaffen, nur noch klimafreundliche Entscheidungen zu treffen? Es ist wichtig, dass wir uns gerade am Anfang nicht verausgaben, sonst haben wir bald keine Lust mehr auf diesen Lebensstil. So wie ich damals …

Ich habe mich schon immer zu den Weltretter:innen gezählt und wollte beruflich etwas bewirken. Deshalb entschied ich mich, den Master in Nachhaltiger Landwirtschaft an einem kleinen, ländlichen College in England zu machen. Auf dem Hogwarts ähnlichen Campus fühlte ich mich, als sei mein Brief, auf den ich seit meinem elften Geburtstag sehnsüchtig gewartet hatte, endlich angekommen. Ich ging ganz in der englischen Kultur auf (nicht zuletzt der Trinkkultur) und feierte ausgelassen zu Katy Perry und Robin Schulz. Dass ich durch die wöchentliche Steak Night, das tägliche englische Frühstück und meine regelmäßigen Flüge in die deutsche Heimat in Hinblick auf das Klima fast schon ein Kapitalverbrechen beging, entging mir. Schließlich absolvierte ich gerade ein Studium mit »Weltrettungspotenzial«.

Doch ich wurde älter, die Berichterstattung über die Klima- und Umweltkrise nahm zu, und mir fiel irgendwann auf, was ich alles (vermeintlich) sträflich unterließ: Weder hatte ich jemals eigene Kleidung genäht, noch Waschmittel hergestellt, richtig selbst gekocht oder komplett verpackungsfrei eingekauft. Ich war erschüttert. Und begann zu handeln. Ab sofort versuchte ich alles richtig zu machen, fuhr mit dem Fahrrad zum Wochenmarkt, nahm zum Einkaufen eigene Behälter mit, wickelte unseren Nachwuchs mit Stoffwindeln, verbannte Plastik aus der Wohnung, kaufte Bambuszahnbürsten, stellte Waschmittel her. Und hatte gleichzeitig nie das Gefühl, dass meine Bemühungen reichten. Als ich anfing, für ein Umweltinstitut zu arbeiten, musste ich mir eingestehen, dass ich es nicht schaffen würde, jeden Tag 40 km mit dem Fahrrad zur Arbeit zu fahren. Also fuhr ich wöchentlich 120 km mit dem Auto. Einen Tag konnte ich von zu Hause aus arbeiten. Zudem lernte ich, dass die Ökobilanz eines Tees stärker davon beeinflusst wird, ob er mit Milch getrunken wird, als von der Anbauproduktion der Teeblätter. Und dass die Menge Wasser, die bei der Kaffeezubereitung erhitzt wird, einen größeren Einfluss auf die Ökobilanz hat, als die Art der Kaffeemaschine und die Emissionen durch die Kaffeeproduktion. Parallel rührte ich weiterhin Waschmittel an und ärgerte mich, wenn das Biogemüse verpackt war.

Kurz gesagt: Ich war ständig gestresst, auch weil ich bei jeder Kleinigkeit versuchte, die beste Entscheidung zu treffen. Gleichzeitig lebte ich mit einem ständigen schlechten Gewissen, das sich bei jeder Kaufentscheidung bei mir meldete. Was machte ich falsch?

Ich übersah das Offensichtliche: Meine begrenzte Zeit und Ressourcen teilte ich nicht klug ein. Ich setzte einzelne Klimamaßnahmen um, die sehr viel Zeit raubten, hatte aber kaum noch Muße für etwas anderes. Konnte es das sein?

Auf dem Boden der Tatsachen: Warum der richtige Fokus und die richtigen Fakten so wichtig sind

Was also tun angesichts der Klimakrise und der Umweltzerstörung? Eigentlich sollte es auf der Hand liegen: Schließlich verfügen wir über Unmengen an Informationen und Tipps in puncto Klimaschutz und nachhaltigerem Leben. Klimabewusst, wie wir sind, versuchen wir allem gerecht zu werden und so viele Tipps wie möglich umzusetzen. Was wir dabei fatalerweise vergessen, sind unsere begrenzten Kapazitäten. Konzentrieren wir uns zu sehr auf kleinere Aspekte wie penible Müllvermeidung und Recycling, haben wir weniger Zeit, uns um größere und wichtigere Dinge zu kümmern. Erfolgreicher (und stressfreier) Klimaschutz fängt also mit den richtigen Prioritäten an.

Was bedeutet eigentlich klimafreundlich oder umweltfreundlich? Die Begriffe »umweltfreundlich« und »klimafreundlich« werden oft synonym verwendet. Streng genommen meinen sie per Definition etwas anderes. Während »umweltfreundlich« beispielsweise Müllvermeidung oder den Schutz unserer Ozeane vor Verschmutzung einschließt, bezieht sich der Begriff »klimafreundlich« lediglich auf den jeweiligen Ausstoß an Treibhausgasen (CO_2, Methan, Lachgas ...) von einem Produkt oder einer Aktivität. Verzichten wir vollständig auf Plastikverpackungen, handeln wir also eher umweltfreundlich als klimafreundlich, weil wir Müll vermeiden und dadurch die Umwelt weniger verschmutzt wird. Plastik kann jedoch deutlich klimafreundlicher sein als plastikfreie Alternativen, weil die Produktion und der Transport viel weniger Treibhausgase verursachen als beispielsweise Einweggläser.

→ Beide Ansätze in einem vereint die Ökobilanzierung, da hier sowohl die Auswirkungen von Herstellung, Nutzung und Entsorgung eines Produktes auf die Umwelt (Wasser, Luft, Boden ...) berücksichtigt werden als auch die Treibhausgase, die dabei entstehen. Hierfür werden sämtliche Ressourcen sowie anfallender Abfall und entstehende Emissionen während des gesamten Lebenszyklus eines Produkts berücksichtigt.

Der Beschluss, fortan nachhaltiger zu leben, führte sowohl mich als auch die meisten aus meinem Bekanntenkreis zuallererst in den Unverpackt-Laden, nicht jedoch dazu, das eigene Autofahrverhalten oder den Fleischkonsum zu hinterfragen. Hinzu kommt: Wer Müll akribisch recycelt, eigenes Waschmittel herstellt, alle Glühbirnen ersetzt hat und verpackungsfrei einkauft, gewinnt oftmals den Eindruck, genug fürs Klima zu tun.

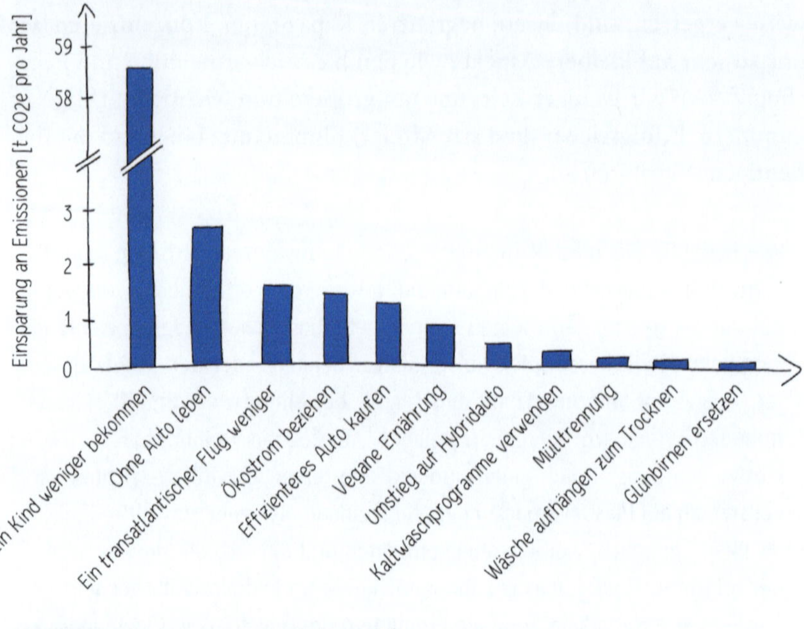

Abbildung 1 (nach Wynes und Nicholas 2017)[1]
Diese Grafik mag für viele ein Schock sein, jedoch hilft sie, unsere Bemühungen nach ihrer Wirksamkeit neu zu bewerten. (Der erste Punkt bezieht sich explizit auf Familien in Industrieländern.)

Um dann in anderen Bereichen das eine oder andere Auge zuzudrücken. Um die richtigen Prioritäten setzen zu können, ist es wichtig, dass wir wissen, welche Klimaschutzmaßnahmen die größte Wirkung haben.

In vielen Bereichen können wir uns jedoch tage- und wochenlang verausgaben, ohne einen merklichen Beitrag zum Klimaschutz zu leisten. Wenn die eigenen Mülltonnen so leer wie möglich bleiben, kann das sehr befriedigend sein, und wir bekommen schnell das Gefühl, genug zu tun. Durch konsequente Müllvermeidung sorgen wir jedoch oft unbewusst für mehr Emissionen, weil wir vermehrt zu tierischen Produkten greifen (da es diese häufiger unverpackt gibt als vegane Alternativen) und zu Produkten in Einweggläsern (diese sorgen durch die Herstellung und das hohe Gewicht beim Transport für mehr Emissionen).

Wenn du dir überlegst, wie du dein Wurstbrot am klimafreundlichsten verpackst, verschwendest du streng genommen deine Zeit. Jedes Brot mit vegetarischem oder veganem Belag in Alufolie ist klimafreundlicher als ein Wurstbrot in einer Mehrwegbox.[2]

Laut aktuellen Zahlen des ifeu-Instituts[3] verursacht 1 Kilo Rindfleisch im Durchschnitt 13,6 Kilo CO_2 (ein Gentlemen's Cut von 300 Gramm wäre demnach für 4 Kilo CO_2 verantwortlich). Der Durchschnitt trügt jedoch: Je nach Herkunft liegen die Emissionen pro Kilo Rindfleisch zwischen 11 und 30 Kilo CO_2. Denn Landnutzungsänderungen können »zu teils erheblichen Zusatzemissionen an Treibhausgasen führen«,[4] d. h., wenn Flächen wie Wälder gerodet werden, um sie zu Weideflächen zu machen oder für den Futteranbau zu nutzen. Durch Brandrodungen von Regenwald wird nicht nur während der Rodung CO_2 freigesetzt, durch die fehlenden Wälder wird zusätzlich die zukünftige Speicherkapazität von CO_2 verringert und dadurch der CO_2-Gehalt in der Atmosphäre nochmals erhöht. Je nachdem, wo das Rind gelebt hat, erreicht der CO_2-Ausstoß pro Kilo also fast das Dreifache des Durchschnittswerts.

Die Relationen in Abbildung 1 einmal so nebeneinander zu sehen setzt all unsere Bemühungen ins Verhältnis: So ist die CO_2-Einsparung von 684 Jugendlichen, die bis an ihr Lebensende verantwortungsbewusst ihren Müll recyceln, äquivalent zu der Entscheidung einer amerikanischen Familie gegen ein weiteres Kind.[5] Doch ist die überaus klimawirksame Maßnahme, ein Kind weniger zu bekommen, wohl auch die, mit der die meisten sich schwertun werden. Es gibt Menschen, die sich deswegen gegen eigene Kinder entscheiden oder aber nur ein oder zwei Kinder bekommen. Ein prominentes Beispiel sind Meghan und Harry, die Herzogin und der Herzog von Sussex, die aus Gründen der Nachhaltigkeit nur zwei Kinder bekommen wollen.[6] Für diejenigen, die mit der Familienplanung schon durch sind, kommt dieser Hinweis zu spät. Und bei den meisten Familien wird das Wissen nicht dazu führen, weniger Kinder zu bekommen. Die Gegenüberstellung kann jedoch helfen, richtige Prioritäten zu setzen, einfach auch weil die verschwindend geringen Auswirkungen von vielen Maßnahmen im Vergleich deutlich werden. Wollen wir klimafreundlicher leben, müssen sich unser Fokus und demnach unsere Bemühungen zwingend verschieben zugunsten der wirksamsten Maßnahmen. Das Gleiche gilt insbesondere für die Politik.

Vonseiten der Regierung lag der Fokus lange Zeit stark auf Müllvermeidung, Recycling, dem Ersetzen von Glühbirnen und Stromsparen. Ausgerechnet der am wenigsten wirksamste Punkt, die Glühbirnen zu ersetzen, wurde am stärksten propagiert und konsequent umgesetzt. Seit 2009 folgte das schrittweise Verbot von Glühbirnen, seit etwa 2012 sind sie EU-weit nicht mehr im Handel erhältlich. Seit Juli 2021 ist außerdem der Verkauf von gewissen Einwegprodukten aus Plastik verboten, unter anderem Strohhalme und Einweggeschirr und -besteck.

Prinzipiell sind die zunehmenden Gesetzesänderungen zur Eindämmung von Plastikmüll in der EU positiv zu bewerten. Gesetze und Verbote dürfen jedoch nicht zur Marginalisierung bereits benachteiligter Gruppen führen. So haben Mehrwegartikel meist einen deutlich höheren Anschaffungspreis und können für Familien mit geringem Einkommen unerschwinglich sein. Durch Verbote werden in diesem Fall Geringverdienende deutlich benachteiligt, obwohl sie es sind, die am wenigsten zur Klimakrise beitragen, schlicht und ergreifend, weil sie ein geringes Einkommen haben und sich wenig bis keine emissionslastigen Entscheidungen leisten können. Im Übrigen benachteiligt und marginalisiert das Verbot von Plastikstrohhalmen Menschen mit Behinderungen noch mehr.[7] Viele behinderte Menschen sind auf Plastikstrohhalme angewiesen, da sie nur mit ihrer Hilfe trinken können. Strohhalme aus anderen Materialien wie Edelstahl sind entweder nicht biegsam genug, können teilweise verschluckt werden durch Aufweichen, wie Pappe, oder sind für Menschen mit Spastiken gefährlich, da sie zerbissen und zu schwerwiegenden Verletzungen führen können, wie Glas.

Gesetze und Verbote sollten sich daher unbedingt an den größten Emittenten orientieren und keine Imageentscheidungen sein, die am Ende nur sehr wenig Wirkung haben und bereits benachteiligte Menschen nur noch mehr benachteiligen.

Warum wir vermutlich nicht so klimafreundlich sind, wie wir denken

Im Beispiel oben ging es um die Auswirkungen auf das Klima, wenn sich eine amerikanische Familie gegen ein Kind entscheidet, also einen Menschen, der sein Leben lang so viel CO_2 verursachen wird wie ein:e durchschnittliche:r Amerikaner:in und wiederum selbst Kinder bekommen wird. Wichtig zu beachten bei den Durchschnittswerten ist, dass der persönliche CO_2-Ausstoß ganz allgemein mit dem Einkommen ansteigt[8] – und das, obwohl sich besser Verdienende und Gebildete oft für besonders klimabewusst halten.[9] Eine Umfrage ergab, dass 46 Prozent der befragten Wähler:innen der Grünen in den letzten 12 Monaten geflogen waren – allerdings nur 26 Prozent der befragten Wähler:innen der AfD, obwohl es bei Letzteren etliche Leugner:innen der Klimakrise gibt (die Wähler:innen der Grünen fühlten sich zwar überproportional schlecht, dass sie geflogen waren, doch das nützt langfristig auch nichts).[10] Klassische Denkfehler und -fallen, um die es im dritten Kapitel geht, spielen dabei eine wesentliche Rolle. Und die Konzentration auf die falschen Punkte.

Schauen wir uns einmal an, wie viele Emissionen wir durchschnittlich ausstoßen und für welche Aktivitäten. Durchschnittsdeutsche verursachen im Schnitt knapp 12 Tonnen CO_2 pro Kopf und pro Jahr. Davon entfallen etwa 1,9 Tonnen auf öffentliche Einrichtungen (Schulen, Ämter, Krankenhäuser etc.), deren Reduktion nicht in unserer persönlichen Macht steht. Bleiben also durchschnittlich 10,1 Tonnen, die wir selbst verursachen. (Im Gegensatz zu Abbildung 1 sind eigene Kinder hier nicht mit einberechnet.) Abbildung 2 zeigt, wie sich die durchschnittlichen Emissionen auf die unterschiedlichen Lebensbereiche verteilen.

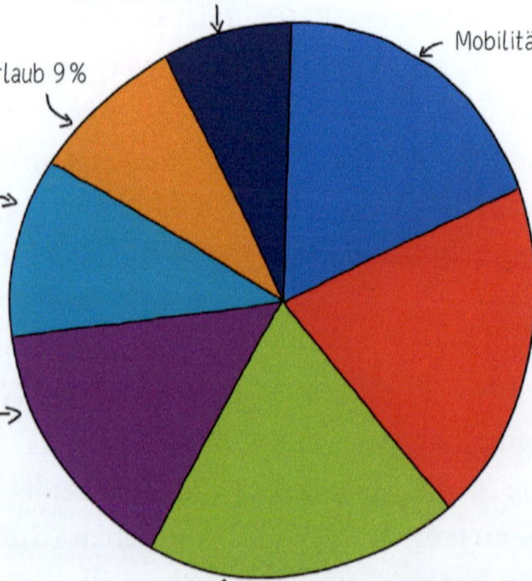

Abbildung 2 (nach Drexel 2019)[11]
Was wurde uns als Kindern eingetrichtert? »Lass das Wasser nicht zu lange laufen. Niemals das Licht einfach brennen lassen. Mach den Kühlschrank schneller zu.« Doch unser gesamter Stromverbrauch macht nur 6 Prozent unserer jährlichen Emissionen aus – auch dank Windkraftanlagen und Solarstrom. Daher spielt es in unserer Jahresbilanz kaum eine Rolle, wenn Kinder mal vergessen, das Licht auszuschalten. Wie wir uns jeden Tag ernähren, hingegen schon.

Um die Pro-Kopf-Emissionen zu berechnen, gibt es die unterschiedlichsten Herangehensweisen. Manchmal werden Emissionen, die bei der Herstellung von Produkten entstehen, dem Produktionsland zugeschrieben (territoriale Bilanzierung), manchmal wiederum dem Land, in welches sie exportiert werden (konsumbasierte Bilanzierung). Auch in der Darstellung gibt es Unterschiede: So werden Freizeitaktivitäten manchmal unter »Konsum« zusammengefasst, oder Flüge werden zu »Mobilität« gezählt. Daher variieren die prozentualen Angaben sehr stark und sind nicht immer miteinander vergleichbar.

Ernähren wir uns wie der deutsche Durchschnitt und essen viermal pro Woche Fleisch und zusätzlich 100 Gramm Schinken pro Tag, kommen wir auf 1,8 Tonnen CO_2 pro Kopf und pro Jahr.[12] Je mehr Fleisch und tierische Produkte wir essen, desto schlechter ist es für unseren CO_2-Fußabdruck. Mit einer extrem fleischbetonten Ernährung kommen wir sogar auf 2,4 Tonnen. Ernähren wir uns jedoch vorwiegend pflanzlich und achten zudem auf regionale, biologische sowie saisonale Lebensmittel, reduzieren wir unsere jährlichen Emissionen auf 0,8 Tonnen. Komplett enthaltsame Veganer:innen kommen auf 0,4 Tonnen.[13] Wir könnten also viel mehr fürs Klima tun und unser Leben deutlich erleichtern, wenn wir die Kinder seltener ermahnen, wenn sie das Licht angelassen haben, aber stattdessen das tägliche Wurstbrot durch ein Brot mit veganem Aufstrich ersetzen.

Es gibt mittlerweile eine große Anzahl an sehr detaillierten Klimarechnern, mit denen man den eigenen CO_2-Fußabdruck einfach und kostenlos berechnen kann. Der *CO_2-Rechner des Umweltbundesamtes* fragt die wichtigsten Parameter deiner heutigen Wohnverhältnisse ab und lässt dich unterschiedliche Zukunftsszenarien durchspielen, anhand derer du zukünftige Einsparungen berechnen kannst.[14]

Unter *myclimate.org* kannst du entstandene Emissionen direkt kompensieren.[15] Bei *Papaya & Pommes – Der Klimarechner für die Küche* kannst du Standardgerichte, aber auch eigene Rezepte hinsichtlich ihrer Klimafreundlichkeit vergleichen.[16] Das Besondere hier: Die Emissionen beziehen sich auf die in den Gerichten enthaltenen Nährstoffe. Wir können also schauen, welches Gericht sowohl klimafreundlich als auch ernährungsphysiologisch wertvoll ist bzw. welche Gerichte in Bezug auf die Nährstoffdichte den geringsten CO_2-Ausstoß haben.

Zusätzlich zu den hier dargestellten Durchschnittswerten müssen wir das große Spektrum an unterschiedlichen individuellen CO_2-Bilanzen innerhalb der Gesellschaft bedenken. 10 Prozent der deutschen Bevölkerung haben mit etwa 7 Tonnen CO_2 pro Kopf und pro Jahr die niedrigsten Emissionen, während die 10 Prozent mit den höchsten Emissionen etwa 17,7 Tonnen CO_2 verursachen.[17] Oftmals reichen ein paar oder auch nur eine extrem emissionsstarke Aktivität aus (oder eben deren Unterlassung), um die persönliche Bilanz stark nach unten oder nach oben zu verschieben. So sparen der Umzug in ein Passivhaus und der gleichzeitige Verzicht auf 20 Quadratmeter Wohnfläche bis zu 2 Tonnen pro Jahr ein (Reduktion um 18 Prozent im Vergleich zum deutschen Durchschnittswert), während eine tägliche Pendelstrecke von 20 km und ein Flug nach New York den jährlichen CO_2-Ausstoß um 5,4 Tonnen erhöhen (Steigerung um 49 Prozent im Vergleich zum deutschen Durchschnittswert).[18] Perspektivisch müssen wir bis 2040 weltweit auf einen Pro-Kopf-Ausstoß von etwa einer Tonne kommen.

Warum wir lieber nicht in Panik geraten sollten

Angesichts dieser hohen Differenz könnte man in Panik geraten – so wie Greta es eindrücklich forderte. Doch ist das sinnvoll? Einerseits ja. Andererseits treffen wir nicht unbedingt kluge Entscheidungen, wenn wir im Panikmodus sind. Daher bitte ich dich darum, dir den Umstieg bzw. Einstieg in ein klimafreundlicheres Leben so leicht wie möglich zu machen.

Denn wir sind, wenn wir unseren Alltag klimafreundlicher gestalten wollen, mit einer großen Reihe an Entscheidungen konfrontiert. Ob beim Einkaufen (regional, unverpackt, Tofu in Plastik oder Wurst von der Theke), beim Zähneputzen (Bambus- oder Plastikzahnbürste, klassische Zahnseide oder plastikfreie im Glas, Zahnputztabletten oder normale Zahnpasta), beim Kochen (frisch, verpackt oder aus der Tiefkühltruhe), beim Weg zur Arbeit (Auto, Fahrrad, Öffentliche). Bei allem, was wir tun, müssen wir zwischen verschiedenen Möglichkeiten mit unterschiedlichen Auswirkungen auf das Klima auswählen.

Je mehr Entscheidungen wir im Laufe des Tages treffen müssen, desto schwächer wird jedoch unsere Willenskraft und desto irrationaler werden unsere Entscheidungen.[19] Mit unserer Willenskraft verhält es sich ähnlich wie mit einem Muskel: Auf erhöhte Beanspruchung erfolgt Ermüdung. Sind wir gezwungen, eine Vielzahl an Entscheidungen zu treffen, lässt unsere Willenskraft nach, und wir werden anfälliger für Fehlentscheidungen und Impulskäufe. Indem wir eher klein beginnen, erhöhen wir unsere

Chancen, langfristig dabeizubleiben, statt früh frustriert aufzugeben. Also sollten wir uns Zeit lassen, die Wirkung von einzelnen Klimaschutzmaßnahmen zu überblicken.

Warum kognitive Ermüdung unseren Alltag bestimmt

Wenn wir kognitiv ausgelastet sind, sind wir nachweislich anfälliger für egoistische Entscheidungen und in unserem Urteilsvermögen eingeschränkt. Der Psychologe Roy Baumeister hat in mehreren Versuchsreihen festgestellt, dass unsere Selbstkontrolle mit jeder weiteren Herausforderung, der wir uns stellen müssen, nachlässt.[20] Man spricht von der sogenannten kognitiven Ermüdung. Versuchen wir beispielsweise, täglich natürliche Neigungen zu unterdrücken, sei es, uns die dritte Tasse Kaffee oder die zweite Tafel Schokolade zu verkneifen, strapazieren wir unsere Selbstkontrolle. Wollen wir dann noch in Bezug auf das Klima wichtige Entscheidungen treffen, können wir womöglich nicht ausreichend Willenskraft aufbringen, um mit dem Fahrrad zu fahren, und nehmen lieber das Auto. (Das ist entweder eine prima Rechtfertigung, unendlich viel Schokolade zu essen, oder ein Grund, sich feste Routinen anzueignen, siehe Kapitel 5.)

Ganz eindeutig ließ sich das Ausmaß der kognitiven Ermüdung in einem Versuch mit Bewährungsrichter:innen erfassen: Je länger die Essenspause der Richter:innen her war, desto mehr Anträge von Häftlingen auf frühzeitige Entlassung wiesen sie ab. Unser Nervensystem benötigt mehr Glukose als die meisten anderen Körperteile und anstrengende mentale Tätigkeiten wie Entscheidungen scheinen besonders viel Glukose zu verbrauchen.[21] Wenn bei dir eine wichtige Entscheidung ansteht, stelle sicher, dass du über genügend Energiereserven verfügst. Zum Beispiel mit einem Stück veganer Schokolade oder einem regionalen Bioapfel.

Wenn du regelmäßig ins Zögern kommst, sei es nun über die Plastikverpackung, die du gerne vermeiden würdest, das Stück Fleisch, das du dir gerne gönnen würdest, oder eine Fahrt mit dem Auto, dann kennst du die Grenzen der Willenskraft bestimmt sehr gut. Für unsere Klimaschutzambitio-

»Selbstkontrolle erfordert Aufmerksamkeit und Anstrengung.« Daniel Kahneman (2012)

nen ist eine gute Willenskraft unabdinglich. Wir sollten also alles daransetzen, sie, so gut es geht, zu schonen. Wie das am besten geht? Indem man für sich einen Plan, Routinen und Regeln entwickelt.

Warum ein Plan hilft – und: Warum wir mit unseren Denkmustern starten sollten

Handeln wir nach einem konkreten Plan, sparen wir viel Zeit, Willenskraft und Selbstkontrolle, da wir Entscheidungen nicht jedes Mal neu verhandeln müssen. So können wir langsam und ohne dauerhaft schlechtes Gewissen eine neue Routine und neue Gewohnheiten etablieren und uns nicht im dogmatischen Aktionismus aufreiben. Drei Gründe sprechen dafür, erst einmal damit anzufangen, unsere Denkmuster zu verändern und zu betrachten: a) Unsere Art zu denken ist die Grundlage von all unseren Entscheidungen, b) es ist allen Menschen möglich, unabhängig von ihren zeitlichen und finanziellen Ressourcen, und c) es ist einfach. Die Abbildung verdeutlicht, dass der Aufwand von Stufe zu Stufe zunimmt:

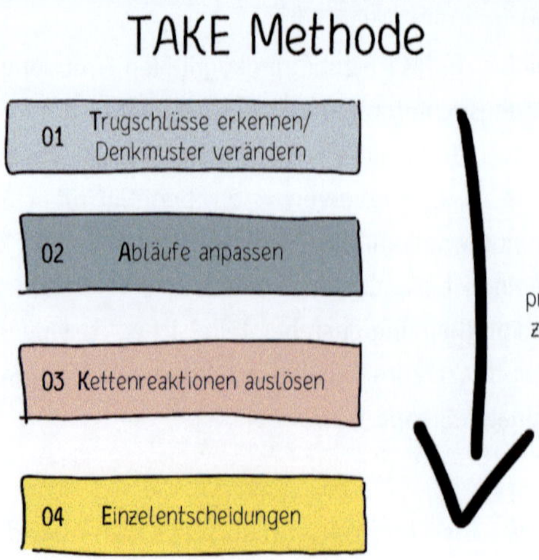

Abbildung 3
Zu Beginn ist der Nutzen im Verhältnis zum eingesetzten Aufwand sehr hoch. Danach steigt der Aufwand mit den weiteren Punkten immer weiter an.

Es ist also sinnvoll, Schritt für Schritt mit einfach umzusetzenden Maßnahmen zu starten, die wenig Aufwand und keinen Verzicht bedeuten. Starten wir mit Trugschlüssen und Denkmustern und wenden uns dann Abläufen zu, gewährleisten wir, dass wir sehr schnell Erfolge erzielen, während wir gleichzeitig langsam genug einsteigen, damit wir uns nicht überfordern.

2

TRUGSCHLÜSSE ERKENNEN – DENKMUSTER VERÄNDERN

Unsere Art zu denken bestimmt unser gesamtes Leben: Jede einzelne Entscheidung, die wir treffen, basiert auf unserem Denkmuster. Damit wir kluge Entscheidungen treffen können, müssen wir unbedingt die eigene Denkweise kennen und sie gegebenenfalls bewusst anpassen. Dafür ist es wichtig, klassische Trugschlüsse zu kennen und die häufigsten Denkfehler, die unsere Gehirne quasi automatisch begehen. Außerdem sollten wir wissen, was unsere Willenskraft stärkt – und was sie schwächt.

Der Entscheidung, ab sofort klimafreundlicher zu leben, folgen Tausende von weiteren Entscheidungen – und das jeden Tag: Fahre ich heute mit dem Fahrrad oder dem Auto? Soll ich die Heizung höher drehen oder einen Pulli anziehen? Soll ich wirklich die verpackten Nudeln kaufen oder eben schnell zum Unverpackt-Laden? Da wir das Klima so gut wie möglich schützen und die Klimakrise, so gut es geht, abwenden wollen, sollten diese Entscheidungen so klug und richtig wie möglich sein.

Seit der Zeit, als alle Menschen noch ausschließlich als Jäger:innen und Sammler:innen gelebt haben, hat sich unsere Lebensweise stark verändert. Unser Gehirn und die Art, Entscheidungen zu treffen, sind jedoch noch genau wie damals, als wir hinter jedem Busch einen Feind vermuten mussten. Um unsere Überlebenschance zu maximieren, mussten wir auf jedes kleine Geräusch reagieren und eine potenzielle Gefahr erwarten. Heute hängt unser Leben nicht mehr von kleinen Alltagsentscheidungen ab. Vielmehr haben wir es mit komplexeren Sachverhalten zu tun, für die unser Gehirn nicht ausgelegt ist. Die Kombination aus diesen komplexen Sachverhalten und unseren manchmal steinzeitlich anmutenden Gehirnstrukturen führt zu sogenannten Denkfehlern. Ohne es zu merken, begehen wir jeden Tag klassische Denkfehler, insbesondere auch weil die meisten Entscheidungen – von denen wir tagtäglich etwa 20.000 treffen – vollkommen unbewusst ablaufen.

Trugschluss Nummer 1: Klimaschutz ist teuer

Wenn man sich in nachhaltigen Onlineshops umsieht, kann einem ganz schön mulmig werden – wie teuer das ist ... Ja, nachhaltige und klimafreundliche Produkte sind (zumindest wenn man sie neu kauft) meist teurer, ein nachhaltiger und klimafreundlicher Lebensstil jedoch nicht. Wir erinnern uns: Der persönliche CO_2-Ausstoß steigt mit dem Einkommen an.[22] Die wahren Klimaretter:innen unter uns sind also nicht die Gutsituierten, die sich jedes erdenkliche Produkt in nachhaltiger und klimafreundlicher Ausführung kaufen können. Es sind die, die ihr Geld nur für das Nötigste ausgeben, weil sie danach nichts mehr haben.[23] Oftmals auch diejenigen, die gar nicht bewusst auf Klimaschutz achten. Die Veganerin auf ihrem Lastenrad mit eigenem Gemüsegarten (zum Beispiel ich) hat also meist einen deutlich höheren CO_2-Ausstoß als ein sich fleischlastig ernährender, generell autofahrender Mensch mit Minijob. Rein statistisch werden die meisten, die sich dieses Buch kaufen, eher zu den Bessersituierten zählen. Egal wie: Niemand sollte ein schlechtes Gewissen haben, wenn ein klimafreundliches Produkt unerschwinglich ist. Je weniger man kauft bzw. sich leistet oder leisten kann, desto klimafreundlicher lebt man.

Trugschluss Nummer 2: Entweder ganz oder gar nicht

Effizienter Klimaschutz wird oftmals mit absolutem Verzicht gleichgesetzt. In dem Moment, in dem wir uns einem nachhaltigen Leben verschreiben, betreten wir eine Welt, in der Plastik streng verboten ist, Flugreisen hochgradig verpönt sind – und Fleisch darf man nun auch nie wieder essen. Es gibt Gründe, warum ein nachhaltiges Leben von vielen mit einem spaßbefreiten Leben gleichgesetzt wird. Doch muss man wirklich so rigoros sein, darf man sich nur noch »klimavorbildlich« verhalten?

In meinen Augen ist die beste Antwort: Nein, wenn man die Verhältnismäßigkeit im Blick behält. Wir erinnern uns: Wir in Deutschland stoßen im Durchschnitt jährlich 12 Tonnen CO_2 aus. Wenn wir am Wochenende ein Steak essen, verursacht das einen CO_2-Ausstoß von knapp 4 Kilo. Wenn wir diese 4 Kilo den 12 Tonnen gegenüberstellen, verschwindet das Steak nahezu in unserer Jahresbilanz. Selbst 40 Kilo CO_2 von zehn Steaks ließen sich irgendwie mit in die Jahresbilanz mogeln, ohne stark aufzufallen (isst man wöchentlich ein Steak, summieren sich die Emissionen bereits auf 0,2 Tonnen CO_2 im Jahr). Wir müssen also nicht auf alles verzichten, um klimafreundlicher zu leben. Im Gegenteil: Ein ständiges Gefühl von Verzicht kann uns über kurz oder lang die Lust auf Klimaschutz ordentlich vermiesen. Oder wir bekommen das Gefühl, bereits genug beizutragen durch unseren strengen Fleischverzicht, und gönnen uns dann Fernreisen – das könnte eine Erklärung für die vielen Fotos von exotischen Auszeiten »bewusst« lebender Veganer:innen mit komplett nachhaltiger Ökoausrüstung auf Instagram sein.

Was bedeutet eigentlich klimafreundlich? Agieren wir klimafreundlich, wenn wir keine Einwegprodukte mehr verwenden, dafür aber viel Fleisch essen? Wenn wir gar nicht fliegen, dafür aber täglich ins Auto steigen? Wir alle haben ganz unterschiedliche Voraussetzungen, unterschiedliche Tagesabläufe, unterschiedliche Lebensstile. Darauf abgestimmt, sollten wir versuchen, unser Handeln von klimafreundlich zu klimabewusst zu wandeln. Das bedeutet ganz konkret, bewusste Entscheidungen zu treffen, die in der Summe am klimafreundlichsten sind, und nicht viele einzelne »klimafreundliche« Entscheidungen, die im Gesamten weniger Wirkung zeigen.

3

DENKFEHLER TEIL 1: ZEIT SPAREN UND ZUFRIEDENER SEIN

Am besten ist es, das Klima klug zu schützen. Wir alle haben begrenzte zeitliche und finanzielle Ressourcen, unsere Willenskraft ist nachweislich ebenfalls beschränkt. Das bedeutet, wir müssen sämtliche Ressourcen, die wir haben, mit Bedacht einsetzen und lernen, kluge Entscheidungen zu treffen. Wir sollten versuchen, klassische Denkfehler zu vermeiden, und nicht in blinden Aktionismus verfallen. Und darüber hinaus Regeln anwenden, die sich auch in anderen Bereichen bewährt haben.

Zwei Dinge haben alle Denkfehler gemeinsam: Sie sorgen dafür, dass wir unbewusst mehr Emissionen verursachen als notwendig, und sie erschweren uns allesamt den Alltag: unter anderem durch unnötigen Stress, Zeitdruck und überflüssige Kosten. Ich habe sie für dieses Buch in zwei grobe Kategorien aufgeteilt: zum einen in Denkfehler, die uns vor allem Zeit und Zufriedenheit rauben, und zum anderen in die, die uns bares Geld kosten, wenn wir sie beim Einkaufen nicht im Hinterkopf haben.

Der Planungsirrtum oder: Warum wir immer mit dem Schlimmsten rechnen sollten

Wann läuft unser Leben mal wie geplant? Und zwar wirklich genau wie geplant? Wir kennen es doch bestimmt alle: Wir setzen uns große, ambitionierte Ziele und erreichen davon nur einen Bruchteil. Der Versuch, klimafreundlicher zu leben, bildet da oft keine Ausnahme. Unsere Idealwelt ist voller Hoffnungen, guter Vorsätze und toller Ideen. Und eng getakteten Plänen. Unsere Realwelt ist aber voller Störquellen: Kinder, die einen Plan innerhalb von Sekunden auf den Kopf stellen. Lange Schlangen im Supermarkt. Unerwartete Zugausfälle oder Staus auf dem Heimweg. Müdigkeit. Antriebslosigkeit. Eine kaputte Waschmaschine. Das Hochbeet, das gar nicht so leicht aufzubauen ist ... Wenn wir Pläne machen, seien es Tagespläne, was wir zu Mittag essen oder wie wir klimafreundlicher leben können, planen wir meist zu optimistisch. Dabei handelt es sich laut dem Psychologen und Nobelpreisträger Daniel Kahneman um den sogenannten Planungsirrtum.[24]

Da die wenigsten von uns Zeit im Überfluss haben, brauchen wir im Alltag Lösungen, die nicht für die Idealwelt geschneidert sind, sondern die auch in der Realwelt funktionieren; also auch dann, wenn es hektisch wird. Um den Planungsirrtum zu vermeiden, müssen wir beim Planen nicht nur vom Best Case, sondern auch vom Worst Case ausgehen und alle Tücken des Alltags einbeziehen. (Ganz konkret müssen wir leider damit rechnen, dass die Kinder morgens nicht innerhalb von zwei Minuten angezogen sind, nur weil wir dringend losmüssen.) Stecken wir uns zu hohe Ziele und denken nicht an alltägliche Probleme, die dazwischenkommen können, steigt die Wahrscheinlichkeit, dass wir unsere Ziele nicht erreichen. Das lässt den Frust steigen und auch das Risiko, vollkommen aufzugeben. Angenommen, wir verzichten in unserer Idealwelt vollkommen auf Fleisch. Prinzipiell löblich und super fürs Klima. Doch in der Realwelt verzichten wir womöglich nur so lange auf Fleisch, bis wir an einem verführerischen Würstchenstand vorbeikommen und einfach nicht anders können, als eine Currywurst zu essen. Das ist an sich nicht verwerflich. Klüger wäre es jedoch, mit dem aufkommenden Heißhunger zu rechnen und beispielsweise alle 14 Tage biologisch erzeugtes Fleisch zu essen. Das spart uns das schlechte Gewissen, unterstützt die biologische und artgerechte Tierhaltung und ist außerdem um einiges gesünder. Zu starker Verzicht und eine Versteifung auf unsere Idealwelt lassen Heißhungerattacken und Rückfälle schneller aufkommen. Mit vorausschauendem und realistischem Denken und Planen beugen wir Frustration vor, leben zudem stressfreier und orientieren uns mehr an unseren Bedürfnissen. Denn nur wenn sich klimafreundliches Handeln nicht wie ein Verzicht anfühlt, kann es auf Dauer funktionieren. Anbei ein Beispiel, wie sich mein Tagesplan im Laufe der Zeit verändert hat.

Ein Tag in meiner Idealwelt …

6:30 Uhr. Beim ersten Weckerklingeln stehe ich auf und bereite ein leckeres, gesundes und vollwertiges Frühstück zu aus regionalen, unverpackten Biovollkornprodukten und frischem Obst. Parallel richte ich gleich noch mein Mittagessen und das der Kinder für den Kindergarten. Nach einem entspannten Frühstück (die Kinder essen ihre Schüsseln komplett leer) ziehe ich meinen Kindern die Wollwalkjacken an, setze sie ins Lastenrad und bringe sie in den Kindergarten. Von dort fahre ich direkt weiter zur Arbeit. Auf dem Nachhauseweg hole ich die Kinder ab, mache noch einen Schlenker zum Bioladen und kaufe unverpackt, regional und frisch ein. Die Kinder sind geduldig und helfen beim Einkaufen. Zu Hause angekommen, ernten wir frische Kräuter von unserem Balkon und kochen gemeinsam. Den Kindern schmeckt es ausgezeichnet, am Ende sind alle Teller leer. Wir bringen die Kinder pünktlich ins Bett und planen danach gemeinsam die Aktivitäten für das Wochenende: Wir wollen zusammen mit den

Kindern ein neues Hochbeet bauen, Seife sieden und auf den Flohmarkt gehen ... parallel stopfe ich noch die Löcher in der Kinderkleidung.

... vs. meiner Realwelt

7 Uhr. Nach dem dritten Weckerklingeln stehe ich endlich vollkommen übermüdet auf. Ich habe schon wieder vergessen, mein Bircher Müsli über Nacht einzuweichen. Heimlich esse ich das leckere Schokomüsli (Verpackungssünde). Die Kinder bekommen Dinkel- und Buchweizenmüsli mit Hafermilch. Während die Kinder nach Nutellabrot fragen, versuche ich vergeblich, die angetrockneten Reste des Abendessens vom Esstisch zu beseitigen. Ich muss meine Fingernägel zu Hilfe nehmen, denn die Plastikschwämme habe ich vor Kurzem aus dem Haus verbannt – Mikroplastik und so ... Während sich die Kinder anziehen sollen, versuche ich für die gesamte Familie ein Mittagessen zu richten. Die Brotdosen der Kinder sind mal wieder verschwunden, der Aufstrich auch leer. Während ich nach einer Alternative suche, fangen die Kinder an, sich auszuziehen und nackt im Kreis zu rennen. Vollkommen genervt und gestresst ziehe ich die Kinder wieder an (brauche Ewigkeiten dafür) und fahre sie mit dem Auto in den Kindergarten. Auf dem Weg halten wir beim Bäcker und kaufen uns etwas fürs Mittagessen. Ich komme mal wieder spät aus dem Büro und hole auf dem Nachhauseweg noch schnell etwas vom Supermarkt und vom Bäcker. Meine Einkaufsnetze habe ich heute Morgen in aller Eile natürlich zu Hause liegen lassen.

Als die Kinder schlafen, sinke ich erschöpft aufs Sofa – fünf Minuten später schlafe ich ein. Um zwei Uhr wache ich auf, orientierungslos, müde. Um mich herum alles hell. Die Lichter waren die halbe Nacht an, der Laptop auch, wenigstens im Ruhezustand. Die Wäsche muss ich schnell in den Trockner schmeißen, sonst habe ich morgen früh nichts zum Anziehen ...

Auch wenn die Beispiele ein wenig überzogen sind, erkennst du ja vielleicht etwas aus deinem Tagesablauf wieder. Wir sollten versuchen, unseren Alltag so zu gestalten, dass unser Bedürfnis nach mehr Nachhaltigkeit keinen Stress verursacht. Stresssituationen sind ungesund für uns, und wir werden langfristig versuchen, dem Stress aus dem Weg zu gehen. Und demnach auch unseren Nachhaltigkeitsbestrebungen. Wenn wir unseren

Alltag langsam und mit Bedacht modifizieren, könnte es also irgendwann so aussehen:

... nachjustierte Realwelt

Ich wache entspannt auf, denn: Heute arbeite ich im Homeoffice. Ich konnte meine Chefin davon überzeugen, auch nach dem Lockdown zwei Tage in der Woche von zu Hause zu arbeiten, denn eine Studie hat ergeben, dass Angestellte zu Hause oftmals produktiver sein können als im Büro. Ich richte in Ruhe das Frühstück und bringe danach die Kinder in die Betreuung. Während einer Kaffeepause hänge ich die Wäsche auf, dabei kommt mir eine gute Idee für den Projektbericht. Mittags gibt es Nudeln mit veganer Biosoße. Zwar aus dem Glas, aber Hauptsache vegan. Abends habe ich keine Lust mehr, viele Pläne zu schmieden, ich mache es mir lieber mit einem Roman auf dem Sofa gemütlich. Ich lade noch den Akku von meinem E-Bike, denn morgen fahre ich mit dem Fahrrad zur Arbeit. Damit habe ich für die Woche genug Sport gemacht und spare mir das Joggen, für das ich mich sowieso nie begeistern konnte.

Auch dieses Beispiel ist für viele noch zu optimistisch und zu positiv. Aber ich hoffe, es zeigt: Wir müssen und können nicht immer alles »einfach« selbst machen. Unser Tag ist nicht lang genug, um generell zu Fuß oder mit dem Fahrrad einzukaufen und zur Arbeit zu fahren, gleichzeitig alles selber zu kochen, zu flicken etc. – und dabei noch gut gelaunt und produktiv zu bleiben. Gerade beim Kochen haben viele den Anspruch, möglichst viel selbst zu machen, um Verpackungen zu sparen (warum sich das oftmals mit Blick auf den Klimaschutz nicht lohnt: siehe Abbildung 1, Seite 12 und Seite 33). Wenn wir es dann zeitlich nicht schaffen, müssen wir uns meist auf die Schnelle etwas besorgen. Das ist oft weder vegetarisch oder vegan noch biologisch erzeugt oder gar gesund – und für uns hochgradig frustrierend (und oft auch teuer). Wenn wir im Vorfeld mit solchen Vorkommnissen rechnen, können wir uns eine möglichst nachhaltige Alternative überlegen. Das kann beispielsweise die vegane oder vegetarische Fertigsoße mit Nudeln sein. So können wir trotz Zeitmangel ein gesundes und klimafreundliches Essen zubereiten und sind mit dem Endergebnis zufriedener.

Viele Dinge, die unseren Alltag bestimmen, liegen auch einfach nicht in unserer Hand: wie lang unser Arbeitsweg ist, ob unsere Vorgesetzten uns die Arbeit im Homeoffice zugestehen, ob sie überhaupt möglich ist. Also versuche lieber, das Beste aus deinem Tag zu machen, und verändere ohne Stress sukzessive die Dinge, die du ändern kannst. Berücksichtige bei deiner Planung, dass du vermutlich zu optimistisch denkst, und plane generell einen Puffer oder einen Plan B ein, der vielleicht nicht perfekt, aber okay ist.

Perfektionismus oder: Warum gut oftmals besser als perfekt ist

»Das Bessere ist der Feind des Guten.« Voltaire

Zu dem Zitat von Voltaire gibt es ganz unterschiedliche Auslegungsmöglichkeiten. Eine Möglichkeit lautet: Während wir ständig versuchen, perfekt zu handeln, bemerken wir nicht, dass wir so weniger erreichen, als wenn wir uns mit »der guten Lösung« zufriedengegeben hätten.

Eigentlich kann man es ganz gut mit Versuchen vergleichen, die unter Laborbedingungen stattfinden. In der realen Welt herrschen jedoch keine Laborbedingungen. Sondern manchmal schlechte Laune oder Unlust oder andere Widrigkeiten (siehe Seite 28). Wir müssen mit suboptimalen Bedingungen rechnen und können nicht davon ausgehen, dass wir Perfektion erlangen können. Indem wir Perfektion anstreben, setzen wir uns unnötig unter Druck und machen es möglicherweise nur schlimmer. Stellen wir nämlich zu hohe Anforderungen an uns selbst, erhöht sich die Wahrscheinlichkeit, dass wir sie nicht erfüllen können. Haben wir dann keinen klimafreundlichen Plan B, fällt unsere Entscheidung eher nach einem chaotischen Prinzip – und die ist vermutlich nicht explizit klimafreundlich.

Ein ganz gängiger Klimatipp lautet: Häng die Wäsche auf, statt sie in den Trockner zu werfen. Ja, wenn man die Wäsche aufhängt, spart man den Strom für den Trockner. Aber: Wenn das dazu führt, dass die Wäscheständer dicht um die Heizkörper herum arrangiert werden (oder noch schlimmer, die Wäsche auf die Heizkörper gelegt wird), kann es entgegen diesem Klimatipp tatsächlich besser sein, die Wäsche in einem guten

Trockner zu trocknen. Ein moderner Trockner arbeitet nämlich sehr effizient und ist im Gegensatz zu einer Heizung für das Wäschetrocknen ausgelegt. Wenn wir also versuchen, alles richtig zu machen und gewisse Emissionen zu vermeiden, kann es schnell passieren, dass wir dafür an anderer Stelle mehr Emissionen verursachen, ohne es zu bemerken.

Da unsere Wäsche im Winter nicht gut trocknet und wir dafür die Heizung aufdrehen müssten, sind wir mittlerweile dazu übergegangen, den Großteil der Wäsche im Winter maschinell zu trocknen. Im Sommer hängen wir sie meist im Freien auf – an ganz heißen Tagen ist die Sonne schneller als jeder Trockner (und so mancher Fleck verschwindet durch die UV-Strahlung wie von selbst).

Fokussierungsillusion oder: Warum wir manchmal nur das eine im Kopf haben

Wir kennen es bestimmt alle: Tagelang verfolgt uns ein Thema, und wir setzen uns mit nichts anderem auseinander. Es absorbiert uns fast vollständig, und an etwas anderes zu denken fällt uns schwer. Positiv gedeutet, kann man es als Prinzipientreue auslegen und dass man sich intensiv mit einem bestimmten Thema befasst. Auf der anderen Seite könnte man auch sagen, dass man sich verrennt. Beim Thema Klimaschutz macht unser Gehirn keine Ausnahme. Beim Versuch, klimafreundlicher zu leben, legen wir zu Beginn meist den Fokus auf einen bestimmten Aspekt, sei es Plastikmüll zu vermeiden oder kein Auto mehr zu fahren. Diesen Aspekt machen wir in unserem Alltag dann oftmals zum vorherrschenden Thema, das über alles andere bestimmt.

»Nichts im Leben ist so wichtig, wie Sie denken, während Sie darüber nachdenken.«
Daniel Kahneman (2012)

Haben wir uns beispielsweise vorgenommen, unnötigen Plastikmüll zu vermeiden, kaufen wir kein Gemüse mehr in Plastikverpackungen. Wenn wir eine Entscheidung ausschließlich anhand des Plastikmülls treffen, bleiben jedoch andere wichtige Faktoren außen vor. So fällt uns beim Einkaufen nicht auf, dass die Kuhmilch in Pfandflaschen weitaus schlechter fürs Klima ist als die pflanzliche Alternative im Verbundkarton. Oder wir kaufen unverpackten Käse, weil die veganen Brotaufstriche alle in Einweggläsern stecken. Gibt es das meiste Gemüse nur verpackt, kaufen wir dadurch möglicherweise weniger Gemüse und ernähren uns einseitiger, oder aber unser unverpacktes Gemüse verdirbt schneller, und wir müssen einen Teil unseres Einkaufs nach ein paar Tagen wegwerfen. Oder, ein Beispiel abseits vom Klimaschutz, wir fokussieren uns darauf, unser Haus möglichst schadstofffrei einzurichten, vergessen dabei aber vollkommen, dass nicht Schadstoffe die größte Gefahr für kleine Kinder sind, sondern Haushaltsunfälle wie durch nicht gesicherte Fenstergriffe. Ein klassisches Beispiel ist auch selbst angerührtes Spül- und Waschmittel, welches in leeren Schraubgläsern aufbewahrt wird. Wir denken in diesem Moment ausschließlich an die Umwelt und wollen leere Schraubgläser ein zweites Mal verwenden, vergessen aber vollkommen, dass unsere Kinder die Schraubgläser als Aufbewahrung für Nahrungsmittel erkennen und dadurch den Inhalt leichter mit etwas Essbarem verwechseln.

Die Fokussierungsillusion kann auch zu ziemlich absurden und lustigen Fehlern führen: Eine befreundete Familie betrieb penibelstes Recycling und vermied Müll um jeden Preis. Nun wollte deren Vermieterin jedoch keine Biomülltonne für die Hausgemeinschaft aufstellen. Fokussiert auf ihr gewissenhaftes Recycling, fuhren sie zwei Jahre lang ihren Biomüll mit dem Auto zu ihren Eltern, die eine Biomülltonne hatten.

Indem wir Plastikverpackungen per se als schlecht einstufen, gerät der Nutzen, den sie haben können, komplett aus dem Fokus: Durch sie ist es möglich, Lebensmittel zu transportieren, sie zu schützen und haltbar zu machen. Auch die Großverpackung, durch die ein Teil der Plastikverpackung eingespart wird, ist nur dann die ökologisch sinnvollere Wahl, wenn das Lebensmittel nach dem Öffnen richtig gelagert wird und nicht verdirbt.

Nur etwa 3–3,5 Prozent der Gesamtemissionen eines Lebensmittels stammen von der Verpackung. Die viel diskutierte und kritisierte Folie der Salatgurke hat sogar nur einen Anteil von 2 Prozent an den Gesamtemissionen einer Gurke.[25] Gerade in den Wintermonaten kommt es oftmals zu Lagerschwierigkeiten von unverpacktem Gemüse. Nachdem einige Einzelhandelsketten auf Druck der Verbraucher:innen aufgehört hatten, ihre Gurken in Folie zu verschweißen, gab es über den Herbst und Winter teilweise hohe Flüssigkeitsverluste bei den Gurken, was wiederum dazu führte, dass ein großer Teil der Ware weggeworfen werden musste. Daher haben die meisten Lebensmittelhändler zumindest für den Herbst und Winter die Plastikfolie wieder eingeführt, was aus ökologischer Sicht absolut sinnvoll ist. Sobald die Umverpackung die Haltbarkeit des Produkts um mindestens die jeweilige Prozentzahl verlängert, lohnt sich die Verpackung zumindest mit Blick auf das Klima.

Die Debatte um das Material von Zahnbürsten ist ein weiteres Paradebeispiel für die Fokussierungsillusion. Wir putzen uns die Zähne, damit sie sauber werden. Wenn wir nun Holz- oder Bambuszahnbürsten benutzen und diese mindestens zweimal täglich nass werden, kann es bei falscher Lagerung passieren, dass die Zahnbürste anfängt zu schimmeln. Indem wir uns auf den reinen Müllaspekt unserer Zahnbürsten konzentrieren, bemerken wir nicht, dass wir uns womöglich unterschiedliche Schimmelpilze durch den Mund bürsten, und verlieren den eigentlichen Sinn des Zähneputzens aus den Augen. Prinzipiell ist nichts gegen die Verwendung von Holzzahnbürsten einzuwenden. Wenn wir sie verwenden, müssen wir jedoch achtsam sein und dürfen sie nicht wie eine klassische Plastikzahnbürste behandeln.

Die Fokussierungsillusion betrifft nicht nur Privatpersonen, sondern auch Institutionen und Firmen. Viele Firmen sehen es als unerlässlich an, dass ihre Angestellten während ihrer Arbeitszeit im Betrieb präsent sind. Vor der Coronapandemie wurde immer wieder in den Medien berichtet, dass deutsche Firmen ihren Angestellten zu wenig Freiraum geben, um von zu Hause zu arbeiten. Und das, obwohl viele Arbeitnehmer:innen zu Hause viel produktiver arbeiten.

Laut einer Studie des DIW arbeiteten im Jahr 2014 nur 12 Prozent der Angestellten in Deutschland gelegentlich oder überwiegend von zu Hause aus.[26] Und das, obwohl diese Zahl theoretisch bei 42 Prozent liegen könnte. Indem die Betriebe und Chef:innen sich auf die Wichtigkeit der Anwesenheit fokussierten, entging ihnen die Chance, produktivere Angestellte zu haben und gleichzeitig das Klima massiv zu entlasten. Wenn 20 Prozent der Angestellten in Deutschland einen Tag pro Woche von zu Hause aus arbeiten, können dadurch rund 1,7 Millionen Tonnen CO_2 pro Jahr eingespart werden.[27] Die Coronapandemie hat für viele Arbeitgeber:innen den Anstoß gegeben, Heimarbeit auch in Zukunft vermehrt zu gewähren – die CO_2-Einsparungen sind dringend notwendig.

Egal wie wichtig uns ein Thema, ein Problem oder unser Betrieb erscheint: Wir tun gut daran, ab und zu etwas Abstand davon zu nehmen. Und ganz in Ruhe die Situation neu zu evaluieren und womöglich auch anzupassen.

- Vermeide dogmatisches Verhalten. Mach deinen Lebensstil nicht zu einer Religion.
- Behalte bei der Auswahl von Produkten immer den ursprünglichen Nutzen im Blick.
- Kaufe nichts, nur weil es nachhaltig wirkt. Viele Produkte sind schlicht nicht notwendig. Es ist sehr begrüßenswert, dass es für fast alles mittlerweile nachhaltige Alternativen gibt. Doch niemand braucht 8 Euro für einen biologisch angebauten Naturschwamm auszugeben. Ein ausgedienter alter Waschlappen tut es vermutlich auch.
- Versuche faktenbasiert und nicht gefühlsorientiert vorzugehen, wenn es um die Klimakrise geht. Deutlich sichtbare Umweltsünden wie Plastikmüll verursachen zwar ein schlechteres Gewissen als eine Autofahrt. Doch mit Blick auf die Gesamtemissionen ist es besser, Lebensmittel mit Verpackungen einzukaufen, als mit dem Auto zu einem Unverpackt-Laden zu fahren.
- Geh Veränderungen im Alltag lieber langsam an und nicht zu radikal. Je schneller du einen bestimmten Lebensstil etablieren willst, desto größer ist die Gefahr, der Fokussierungsillusion zu verfallen. Lege eine Liste an mit Dingen, die du für wichtig hältst, und ordne diesen Dingen

eine Priorität zu. Überprüfe deine Liste immer wieder, und aktualisiere deine Bewertungen. Innerhalb kurzer Zeit werden deine Bewertungen anders und weniger dringend ausfallen als zu Beginn.

Durch die Fokussierungsillusion übersehen wir gerne versteckte Emissionen …

Eine kleine Tasse Kaffee mit 40 Millilitern verursacht, je nach Zubereitungsart, zwischen 45 und 96 Gramm CO_2.[28] Trotzdem ist Kaffee vor Bier und Wasser das Lieblingsgetränk der Deutschen. Mit einer Tasse Tee verglichen, verursacht eine Tasse Kaffee viermal so viel CO_2. Um unseren Fußabdruck zu verringern, greifen wir zu biologischem oder fair gehandeltem Kaffee und verzichten auf Kapselmaschinen. Doch weder die Art der Kaffeemaschine (mit Ausnahme der Kapselmaschine) noch das Kaffeepulver tragen den Löwenanteil der Emissionen. Sobald wir mehr Wasser erhitzen als notwendig, hat das einen größeren Einfluss auf die Ökobilanz einer Tasse Kaffee als die Anbaumethoden und die Art der Kaffeemaschine, die wir nutzen.[29]

Bei Paketzustellungen ist es ähnlich. Wir wissen zwar, dass jede Bestellung Transportemissionen verursacht. Dass sich die CO_2-Emissionen pro Paket etwa verdreifachen, wenn das Paket erst beim dritten Versuch zugestellt werden kann, fällt uns hingegen nicht so sehr auf. Hier lohnt sich eine Onlineanmeldung bei den jeweiligen Paketdienstleistern, um einen Ablageort auszuwählen oder im Idealfall eine Packstation, welche den Zusteller:innen die Anfahrt zu vielen Einzelhaushalten spart – sofern das Paket zu Fuß oder mit dem Fahrrad von der Packstation abgeholt wird. Versteckte Emissionen sind besonders tückisch, da wir meinen, klimabewusst zu handeln, uns aber ein Großteil der Emissionen gar nicht bewusst ist (siehe Kapitel 8).

Grenznutzen oder: Warum von allem ein bisschen am besten ist

Die Theorie des Grenznutzens lässt sich auf beliebig viele Aspekte unseres Alltags anwenden und ist eine der einfachsten Regeln, die wir beim Versuch, klimafreundlicher zu leben, für uns nutzen können. Sie besagt, dass mit jeder weiteren Einheit, die wir von etwas Bestimmtem konsumieren, der Nutzen für uns kleiner wird. Wenn wir morgens vier Tassen Kaffee trinken, hat die erste Tasse für uns den höchsten Nutzen. Eine Tasse Kaffee verursacht im Mittel etwa 70 Gramm CO_2. Wenn die erste Tasse dafür sorgt, dass wir wach werden und einen guten Start in den Tag haben, ist der Nutzen dieser 70 Gramm CO_2 recht hoch. Wenn die vierte Tasse jedoch dafür sorgt, dass uns schlecht wird oder wir einen Koffeinschock bekommen, lohnen sich diese weiteren 70 Gramm überhaupt nicht. Wenn der Winter vor der Tür steht und wir keine einzige Winterjacke haben, benötigen wir diese dringend, und der Nutzen für uns ist sehr hoch. Jede weitere Winterjacke, die wir kaufen, hat einen viel geringeren Nutzen für uns.

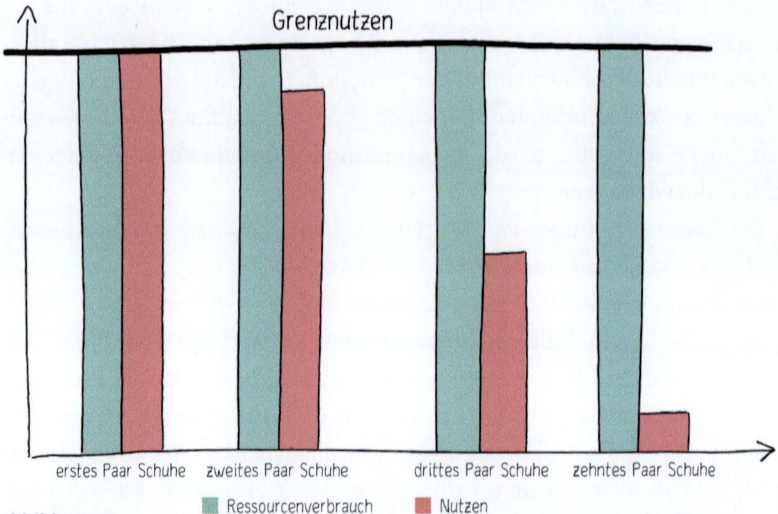

Abbildung 4
Das erste Paar Schuhe bringt uns den vollen Nutzen. Während der Ressourceneinsatz gleich bleibt, sinkt jedoch der Nutzen bei jedem weiteren Paar Schuhe.

Die erste Einheit hat folglich immer den höchsten Nutzen. Der persönliche Nutzen sinkt, je mehr wir von einer Sache besitzen oder konsumieren – bis wir den Sättigungspunkt erreicht haben. Die Ressourcen, die für jede Einheit benötigt werden, bleiben jedoch gleich. Indem wir unseren Konsum und unser Verhalten am für uns optimalen Grenznutzen orientieren, können wir mit relativ wenig Aufwand – und kaum Verzicht! – verhältnismäßig viele Ressourcen einsparen.

Schau dir doch einmal deinen Alltag und deine Umgebung an. Gibt es Angewohnheiten oder Gegenstände, bei denen du deinen persönlichen Grenznutzen eigentlich schon erreicht hast?

- Verzicht ist oft nicht nötig. Wenn du dir mal wieder etwas gönnen willst, dann lieber in einem Bereich, in dem du deinen persönlichen Grenznutzen noch nicht erreicht hast. À la: in Maßen statt in Massen.
- Im Durchschnitt nimmt der Erholungswert im Urlaub nach zehn Tagen nicht weiter zu, wir haben die maximale Erholung erreicht und damit unseren Sättigungspunkt. Plane also ruhig lieber mehrere kleine (emissionsarme) Urlaube statt einer langen Fernreise.
- Versuche Käufe und Erlebnisse zu entzerren. Dadurch reduzierst du deine Emissionen und maximierst deine Lebensfreude. Sprich: lieber nicht einen einzigen Tag vollgepackt mit tollen Erlebnissen oder Einkäufen, sondern die einzelnen Erlebnisse und Käufe auf mehrere Tage aufteilen.

Alternativenblindheit oder: Warum wir manchmal vor lauter Bäumen den Wald nicht sehen

Stehen wir beispielsweise vor der Wahl zwischen Wegwerf- oder Stoffwindeln, Mehrwegflaschen oder Getränkekartons, können wir die verschiedenen Produkte mit Blick auf ihre CO_2-Emissionen oder ihre Ökobilanz vergleichen.

Die Ergebnisse überraschen uns oftmals – denn sie fallen nicht so aus, wie wir es instinktiv vermutet hätten. So lautet beim Thema Getränke der aktuelle Konsens, dass Verbundkartons wie Tetrapak eine vergleichbare Ökobilanz wie Mehrwegflaschen aus Glas haben (bzw. teilweise besser sein können) und Stoff- und Wegwerfwindeln ebenfalls gleichwertig sind. Denn bei Glasflaschen fallen die erhöhten Transportemissionen ins Gewicht, bei Stoffwindeln der erhöhte Wasser- und Stromverbrauch. Viele Eltern werden sich aufgrund dieser Tatsache für die bequemeren Wegwerfwindeln entscheiden. Doch unter welchen Voraussetzungen sind die beiden Wickelmöglichkeiten gleich schlecht für die Umwelt? Welche Windeln wurden miteinander verglichen? Mit welcher Waschtemperatur wurde gerechnet? Wurden auch Ökowegwerfwindeln betrachtet? Wurde berücksichtigt, dass Stoffwindeln von mehreren Kindern benutzt werden können? Oder dass mit Stoff gewickelte Kinder meist wesentlich früher trocken sind? Biostoffwindeln, mit Ökostrom gewaschen und auf der Leine getrocknet, sind bestimmt besser als eine konventionelle Wegwerfwindel. Andererseits können ökologische Wegwerfwindeln besser sein als konventionelle Stoffwindeln, die mit konventionellem Strom gewaschen und getrocknet und darüber hinaus nur für ein Kind benutzt werden.

Wenn wir zu fixiert sind auf den direkten Vergleich und das Ergebnis so knapp ist wie bei den angeführten Beispielen, sehen wir oft keine Möglichkeit zur positiven Veränderung. Solche knappen Ergebnisse können dann Gleichgültigkeit hervorrufen: »Ich möchte Verpackungen einsparen, aber der Orangensaft in der Glasflasche ist durch die stark erhöhten Transportemissionen genauso schlecht für die Umwelt wie das Tetrapak. Dann kann ich ja gleich das Tetrapak nehmen und spare mir die Schlepperei der Glasflaschen« oder »Ich weiß ja, dass Wegwerfwindeln schlecht für die Umwelt sind, aber das Waschen von Stoffwindeln ist genauso schlecht, dann kann ich ja auch Wegwerfwindeln nehmen.«

Die sogenannte Alternativenblindheit stellt sich ein. Sie erschwert es uns, über Alternativen zu den vorgestellten Möglichkeiten nachzudenken. Ökobilanzen stellen zwar eine einzigartige Möglichkeit dar, Produkte hinsichtlich ihrer Klima- und Umweltwirkung miteinander zu vergleichen. Sie können uns jedoch blind machen für Alternativen, die in dieser Bilanzierung nicht dargestellt wurden, und daher unsere Entscheidungsfindung erschweren.

Doch es gibt eben nicht nur Wegwerf- oder Stoffwindeln. Es gibt auch die Möglichkeit, weniger Windeln zu verwenden, die unterschiedlichen Systeme zu kombinieren oder unsere Kinder abzuhalten, wenn sie mal müssen, wie es in vielen afrikanischen und asiatischen Ländern praktiziert wird und mittlerweile auch immer mehr in westlichen Ländern.

Dass klimafreundlichere Alternativen häufig nicht im *Entweder-oder,* sondern schlichtweg im *Wie* und im *Weniger* zu finden sind, fällt uns oft nicht auf. Jede Windel, die wir weniger brauchen, sei es nun aus Stoff oder Plastik, ist gut für das Klima. Jeder Liter Apfelsaft, den wir nicht trinken, egal wie er verpackt ist, ist gut für das Klima. Statt uns lediglich für eine Option eines Produkts zu entscheiden, sollten wir immer auch die Quantität im Blick behalten.

- Durch Ergebnisse von Ökobilanzen können wir uns sehr schnell einen sehr guten Überblick verschaffen. Achte zusätzlich auf Faktoren wie Produktionsbedingungen und ethisches Handeln der Produzent:innen.
- Auch wenn der direkte Produktvergleich keinen Unterschied zu zeigen scheint: Es gibt immer eine Alternative.
- Hinterfrage die Ergebnisse von Produktvergleichen, und passe sie auf deinen Konsum an. Vielleicht macht es keinen Unterschied für das Klima, wie der Apfelsaft verpackt ist. Doch wie die Äpfel angebaut und verarbeitet wurden – regional, auf einer Streuobstwiese oder importiert –, hingegen schon.
- Wenn du die Quantität deines Konsums hinterfragst, bewirkst du oft mehr als durch den direkten Produktvergleich zweier ähnlicher Alternativen.

80/20-Regel oder: Warum wir auf Lücke leben sollten

Die 80/20-Regel kennen bestimmt alle noch aus der Schulzeit: In ca. 20 Prozent der Zeit können wir rund 80 Prozent des Stoffs lernen – für die restlichen 20 Prozent des Stoffs brauchen wir dagegen 80 Prozent der Zeit. Wer keine Lust auf übertrieben langes Lernen hat, lernt also auf Lücke. Diese Regel lässt sich ebenfalls gut anwenden, wenn man klimafreundlicher leben möchte.

Durchschnittliche Deutsche verursachen durch ihre Ernährung Emissionen von etwa 1,8 Tonnen CO_2 pro Jahr. In dieser Rechnung sind enthalten täglich 100 Gramm Schinken bzw. Wurst, täglich Milchprodukte, vier Portionen Fleisch in der Woche, mäßiger Konsum von Obst und Gemüse.[30] Wer nur noch einmal pro Woche Fleisch und Fisch isst, den Milchkonsum einschränkt und vermehrt zu Obst und Gemüse greift, wenn möglich, aus regionalem und biologischem Anbau, kann seine ernährungsbedingten Emissionen um 55 Prozent auf 0,8 Tonnen pro Jahr senken. Wer komplett vegan lebt und auch auf sonstige Freuden wie Wein oder Kaffee verzichtet, reduziert seine Emissionen um insgesamt 78 Prozent und landet am Ende bei 0,4 Tonnen CO_2 für die eigene Ernährung.[31] Diese Reduktion auf 0,4 Tonnen – und damit auf etwa 23 Prozent des Ausstoßes, der bei der durchschnittlichen Ernährung in Deutschland anfällt – ist für die meisten schwer oder nicht umsetzbar. Trotzdem fühlen wir uns oft schlecht, wenn wir nicht komplett auf tierische Produkte verzichten möchten. Was wir dabei übersehen: Den größten Beitrag zum Klimaschutz leisten wir mit der Umstellung einer durchschnittlichen Ernährung auf eine gemäßigtere Ernährung. Ohne auf alle Genüsse verzichten zu müssen, können wir eine ganze Tonne CO_2 einsparen, durch kompletten Verzicht sparen wir lediglich weitere 0,4 Tonnen CO_2 – zu einem vergleichsweise hohen persönlichen Preis.

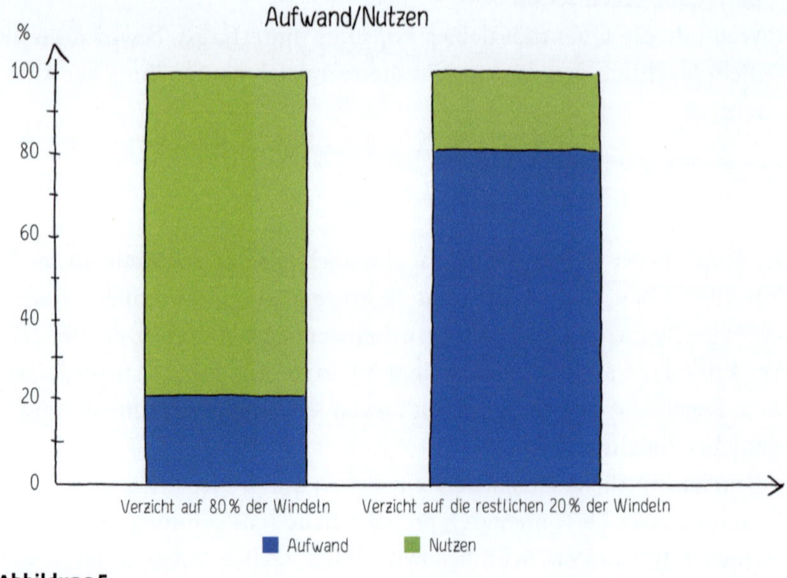

Abbildung 5
Mit 20 Prozent Aufwand erreichen wir 80 Prozent des möglichen Nutzens, während wir für die letzten 20 Prozent 80 Prozent aufwenden müssen.

Ich wollte keine einzige Windel mehr in der Restmülltonne haben und nur noch Stoffwindeln benutzen. Das habe ich genau drei Tage geschafft, denn ich musste jede Nacht unser Baby mehrmals wickeln und das Bett frisch beziehen. Danach hätte ich die Stoffwindeln am liebsten verbrannt.

Grob zusammengefasst, war ich auf den Fehler hereingefallen, viel meiner Energie zu verschwenden, um einen kleinen Teil des Mülls einzusparen. Danach habe ich angefangen, meine Prioritäten nach Wirkung zu setzen. Ich habe dem Drang widerstanden, alle Stoffwindeln zu verbrennen, und mich dazu entschieden, sie vorerst nur noch tagsüber zu verwenden.

Dadurch sparten wir 80 Prozent des Windelmülls ein, mit vergleichbar geringem Aufwand. Die letzten 20 Prozent Einsparung, nämlich die Nachtwindel, sind ein stark erhöhter Aufwand, den wir einfach nicht leisten konnten. Indem unser Baby nachts eine Wegwerfwindel trug, konnten wir alle mit mehr Energie in den Tag starten. Dadurch hatten wir auch Energie, um die 80 Prozent eines anderen Bereichs anzugehen. Hätte ich mich darauf versteift, keine einzige Wegwerfwindel mehr zu benutzen, hätte ich gefühlte 80 Prozent meiner Energie auf eine 20-prozentige Müllreduktion verbraucht. Vermutlich hätte ich irgendwann komplett kapituliert und unserem Baby ausschließlich Wegwerfwindeln angezogen.

Bevor du also vor lauter Perfektionieren kaum mehr Zeit, Energie und Geld hast, um andere Dinge anzupacken, gehe lieber nach der 80/20-Regel vor. Das könnte so aussehen:

- Zu Hause verwendest du größtenteils Stoffwindeln, unterwegs und im Urlaub trägt dein Kind Wegwerfwindeln.
- Zu Hause verwendest du Waschlappen aus Baumwolle, unterwegs benutzt du Papiertaschentücher.
- Statt Duschgel nimmst du ein Stück Seife, aber das Shampoo kaufst du dir lieber noch flüssig in der Flasche.
- Wann immer es dir möglich ist, kaufst du Produkte entweder gebraucht oder ökologisch, nachhaltig, Fair Trade … Doch sobald du beginnst, mehr Zeit in die Suche nach dem Produkt zu investieren, als es überhaupt wert ist, kaufst du es ausnahmsweise »konventionell«.

Wenn du es schaffst, in gewissen Bereichen 100 Prozent zu geben: prima! Doch vorsichtig vor einem klassischen Trugschluss: Wir bekommen schnell das Gefühl, genug für das Klima zu tun, wenn wir uns in einem Bereich perfektionieren und dabei verausgaben. Als Folge kann man leicht in anderen Bereichen über die Stränge schlagen – bis hin zum Überkompensieren der Bemühungen.

Tipp: Wie viel Zeit verbringst du täglich damit, bewusst das Klima zu schonen? Fährst du mit dem Fahrrad? Hängst du deine Wäsche zum Trocknen auf? Fährst du extra zum Unverpackt-Laden zum Einkaufen? Schreibe doch mal auf, wie viel Zeit du für die verschiedenen Posten benötigst. Analysiere die Posten mit dem größten Einsparpotenzial (Verzicht auf Auto, Ernährung, Wohnen, Heizen …), achte auf Zeitfresser (Einsparen von minimalen Mengen an Verpackung, Einsparung geringer Wassermengen …), und überlege, ob sich bei gewissen Dingen der Zeiteinsatz wirklich lohnt. Gemüsepflanzen großzuziehen, die auf dem Kompost gewachsen sind, mag zwar auf den ersten Blick nachhaltig erscheinen. Dadurch wird keine Energie aufgewendet zur Saatgutgewinnung und zur Anzucht. Doch mit einer vorgezogenen Pflanze mit optimalen Bedingungen zum optimalen Zeitpunkt können wir einen viel höheren Ertrag bei gleichem Zeitaufwand erreichen.

Aktivitätsbias oder: Warum Faulheit belohnt werden sollte

Ich kann mich genau erinnern, von welch großem Aktionismus ich lange Zeit angetrieben war. Ich hatte wahnsinnig viel Energie und versuchte mein Leben innerhalb kürzester Zeit drastisch zu verändern. Ich fand immer mehr Möglichkeiten, klimafreundlicher zu leben, und wollte alles auf einmal umsetzen. Doch leider machte ich vieles dadurch auch schlimmer. Doch einfach nichts zu tun? Das geht doch nicht, oder?

Keine konkrete Handlungsaufforderung zu haben kann uns vor große Geduldsproben stellen. Aktionismus macht einfach mehr Spaß als pures Aussitzen. Ich wurde schon von einigen Freundinnen, die einen nachhaltigeren Lebensstil übernehmen wollten, gefragt, was sie jetzt tun müssten.

Auch sie waren bereit, sofort irgendwelche Sachen zu kaufen oder zu ändern, um dem Anspruch »Ich lebe jetzt klimafreundlich« möglichst schnell gerecht zu werden. Genauso, wie ich es gemacht habe.

Und ich habe dabei alle Fehler begangen, die man begehen kann: neue Edelstahldosen gekauft, obwohl wir noch welche aus Plastik hatten. Ein neues Kehrblech aus Edelstahl und Naturborsten gekauft, obwohl unser billiges, grell grünes Plastikteil aus dem Discounter noch gut zu gebrauchen war. Wie in allen anderen Lebenslagen auch lassen wir uns schnell von schönen Bildern, der Optik und dem Image von Sachen und der Werbung blenden.

Der Aktivitätsbias stellt auch in vielen anderen Lebenssituationen eine häufig verbreitete Falle dar. So erleben etwa viele werdende Mütter dieses Phänomen bei der Geburt. Ein altes Sprichwort besagt: Die Hände einer Geburtshelferin gehören in die Hosentasche. Aufgrund des Aktivitätsbias halten sich viele der Geburtshelfer nicht daran und schaden den Frauen dadurch unwillentlich.

Statt uns nur zu fragen, was wir tun müssen, bringt die gegenteilige Frage oft mehr: Was sollte ich *nicht* tun, wenn ich das Klima schützen will? Denn durch ein Unterlassen von gewissen Dingen tun wir dem Klima einen weitaus größeren Gefallen als mit Aktionismus. Wir sollten uns also als Erstes darauf beschränken, Aktivitäten mit hohen Emissionen zu unterlassen. Und wir werden in kürzester Zeit sehr viel erreichen.

- Auch wenn die vielen Artikel im nachhaltigen Onlineshop so verlockend aussehen, besser für die Welt ist es, insgesamt möglichst wenig zu kaufen.
- Überlege, auf welche Aktivitäten mit hohen Emissionen du am ehesten verzichten kannst.
- Behalte auch deine eigenen Ressourcen im Hinterkopf. Achte darauf, dass du genug Zeit zum Innehalten hast. Wir können und sollten nicht dauerhaft unter Strom stehen.

Kosten-Nutzen-Analyse oder: Warum wir nicht immer alles geben können

Dieses Dilemma begegnet uns fast täglich: Jede Entscheidung für etwas ist immer auch eine Entscheidung gegen etwas anderes. Gehen wir von einem durchschnittlichen Arbeitstag von acht Stunden aus sowie acht Stunden Schlaf – wobei es vermutlich eher sechs bis sieben Stunden Schlaf sind –, bleiben uns für alle anderen Aktivitäten genau sechs bis acht Stunden. Wir können nicht jeden Tag überall mit dem Fahrrad hinfahren, unsere Wäsche zum Trocknen aufhängen, auf dem Markt einkaufen, Waschmittel anrühren und gleichzeitig noch arbeiten und uns um unsere Kinder und Haustiere und sozialen Kontakte kümmern. Ach, gekocht und geputzt hat dann auch noch niemand. Sosehr wir auch die Vollkommenheit anstreben: Wir werden es nicht schaffen, und wir müssen es auch gar nicht.

Das Gleiche gilt für unsere finanziellen Mittel. Überlegen wir beispielsweise, wie wir am klimafreundlichsten unseren Urlaub verbringen, dauert es nicht lange, und der Zelturlaub steht im Raum. Wer gerne zeltet (ich gebe zu, dass ich nicht dazugehöre) und noch keine Ausstattung hat, steht bald vor dem ersten Dilemma: Welches Zelt kaufe ich denn jetzt? Kaufe ich das »normale« Zelt für erschwingliche 70 Euro? Kaufe ich das aus recyceltem Polyester für deutlich mehr Geld, oder kaufe ich das unfassbar teure, aber auch unfassbar ökologische Biobaumwollzelt für über 1.000 Euro? Das ist kein Witz, das gibt es tatsächlich, und ich kenne jemanden, der eines besitzt … Wer kein:e Millionär:in ist (und welche Millionäre gehen schon zelten), wird kaum über 1.000 Euro für ein Zelt bezahlen. Und selbst wenn wir es täten: Könnten wir mit den »ersparten« 930 Euro, wenn wir uns für das günstigste Zelt entscheiden, nicht viel mehr für den Klimaschutz bewirken? Wir könnten dieses Geld anteilig für ein E-Bike verwenden, wir könnten uns davon anteilig eine BahnCard100 kaufen und unser Auto abschaffen bzw. deutlich seltener nutzen. Die Liste ist lang, und es gilt die gleiche Regel wie für unsere zeitlichen Ressourcen: Geld, das wir für eine Sache ausgeben, fehlt für etwas anderes.

Beim nächsten Besuch in einem Bioladen fühl dich also bitte nicht schlecht, wenn du einfach nur ein paar Lebensmittel kaufst und nicht gleich den ganzen Hausrat, der dort auch angeboten wird, wie den Naturschwamm für 8 Euro oder die Klobürste aus Buchenholz für 10 Euro.

- Achte auf deine finanziellen und zeitlichen Ressourcen. Sei dir bewusst, dass du nicht alles umsetzen und selbst machen kannst, egal wie nachhaltig, ökologisch und fair es auch sein mag.
- Geh nach der 80/20-Regel vor, um mit möglichst wenig Aufwand möglichst viel zu erreichen.
- Ganz konkret hieße das bei einer Haushaltsauflösung: Nimm dir die großen und schwer zu recycelnden Dinge zuerst vor. Alte oder auch defekte Großgeräte wie Waschmaschinen können manchmal noch an Bastler verkauft werden.

Wenn wir in unserem Alltag noch nicht so routiniert sind, was Klimaschutz betrifft, können einzelne Entscheidungen manchmal sehr schwierig sein und uns vor eine scheinbar unlösbare Aufgabe stellen. Ziemlich zu Beginn unserer »Wir-retten-die-Welt«-Mission halfen mein Mann und ich bei einer Haushaltsauflösung. Für Vollblutökos wirklich keine leichte Kost: Wir nahmen ein paar Dinge für unseren Haushalt mit, vieles wurde gespendet, doch der Großteil der Einrichtung und des Hausrats – es führte kein Weg daran vorbei – landete im Müll. Wir fingen in der Küche an zu stöbern. Schublade für Schublade gingen wir durch und sortierten alles auf die jeweiligen Stapel (später Berge): nehmen wir mit, zu verkaufen, zu verschenken und Müll. Dann kam die Gewürzschublade. Ein riesiger Haufen voller Gewürzverpackungen, alle längst abgelaufen. Pflichtbewusst nahm ich sie und begann damit, sie korrekt zu recyceln: Inhalt in den Biomüll, Verpackung in die gelbe Tonne. Ich habe dafür ganze 35 Minuten gebraucht. Schon währenddessen kam mir die ganze Aktion wie Mäusemelken vor, doch mein Pflichtbewusstsein zur korrekten Mülltrennung war einfach zu stark. Mein Mann hatte in der Zwischenzeit ein ganzes Bücherregal leer geräumt, sämtliche gut erhaltenen Bücher in einer Verkaufsapp gescannt und in Kisten gepackt, bereit für den Versand. Theoretisch hatte ich richtig gehandelt und den Inhalt der Schubladen korrekt recycelt – doch hätte ich in dieser Zeit eine weitaus größere Menge recyceln oder auch vor dem Müll bewahren können, so wie mein Mann.

Zero-Risk-Bias oder: Warum wir kleinere Veränderungen größer bewerten

Sosehr wir manchmal auch versuchen, unsere Emissionen zu reduzieren und unseren Plastikverbrauch zu verringern – es wird uns niemals gelingen, komplett plastik- und emissionsfrei zu leben. Es sei denn, wir ziehen in den Wald und ernähren uns von dem, was Wald und Wiesen hergeben. Da dies wohl für die allerwenigsten infrage kommt, sollten wir uns mit der Tatsache anfreunden, dass wir unser Leben lang für Emissionen verantwortlich sein werden. Die »Null« gibt es nicht!

Verpackungen im Hintergrund

Selbst wenn wir im Unverpackt-Laden einkaufen gehen, bedeutet das nicht, dass die Produkte gänzlich ohne Verpackungen auskommen – wir sehen die Verpackungen nur nicht. Unverpackt-Läden kaufen ihre Waren einfach in größeren Verpackungseinheiten (zum Beispiel in einem 25 Kilo Sack) und reduzieren dadurch den Verpackungsmüll deutlich. Doch die Nudeln sind für den Versand auch in einem Karton verpackt. Auch Mehrwegflaschen (sowohl aus Glas als auch aus Kunststoff) kommen nicht ganz ohne Müll aus. Sie werden auf Holzpaletten (wiederverwendbar, aber mit begrenzter Lebensdauer) transportiert und sind für den Transport mit (Einweg-)Plastikfolie umwickelt.

Eine durchschnittliche Deutsche verursachte im Jahr 2020 etwa 476 Kilo Haushaltsmüll.[32] Durch eine gute Planung beim Einkaufen und kleine Änderungen unseres Lebenswandels können wir sehr viel an Verpackung und an Müll einsparen (Leitungswasser trinken, Gemüse und Obst unverpackt kaufen, feste Seife statt Flüssigseife verwenden, teilweise oder ganz mit Stoffwindeln wickeln usw.). Nehmen wir an, wir beschließen, ab sofort Müll zu vermeiden und schaffen es, unseren Müll um 70 Prozent zu reduzieren. Das wäre erstaunlich. Und ein immenser Unterschied zum Durchschnitt! Nun könnten wir aber mit einem Zero-Waste-Lebensstil auf noch weniger Müll kommen. Nicht komplett »zero«, wie der Name impliziert, doch im Vergleich zum Durchschnitt verschwindend gering. Angenommen, wir würden es schaffen, unseren Müll noch weiter zu reduzieren, nämlich auf 5 Prozent des deutschen Durchschnitts. Aufgrund des Zero-Risk-Bias würden wir die weitere Müllreduktion um 25 Prozent instinktiv als besser und erstrebenswerter erachten als die anfängliche Reduktion um 70 Prozent. Und das, obwohl in absoluten Zahlen durch eine 70-prozentige Müllreduktion viel mehr Müll vermieden wird.

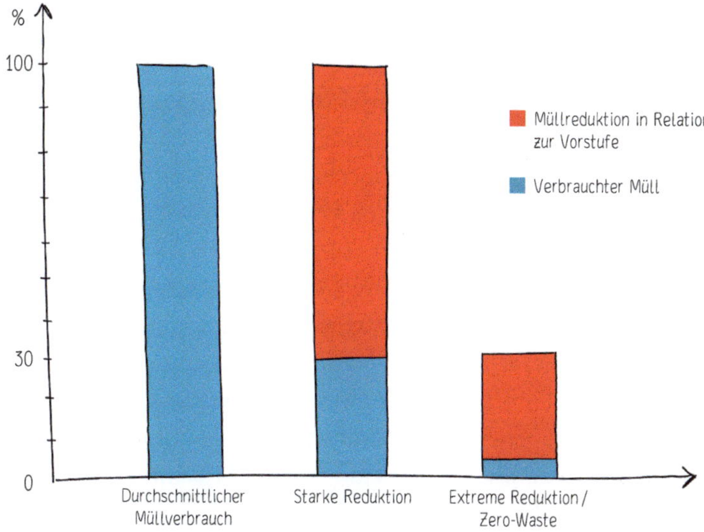

Abbildung 6
Durch den Zero-Risk-Bias bewerten wir eine extreme Müllreduktion als erstrebenswerter als die starke Müllreduktion im Vergleich zum Durchschnitt. Dabei bewirken viele Menschen, die ihren Müll im Vergleich zum Durchschnitt stark reduzieren, in absoluten Zahlen deutlich mehr als wenige Menschen, die eine extreme Müllreduktion erreichen.

Extrem wenig Müll zu verursachen ist bemerkenswert und toll. Doch den größten Beitrag zur Müllvermeidung tragen nicht die wenigen Leute bei, die fast keinen Müll verursachen, sondern die vielen Menschen, die ihren Müll stark reduzieren. Auch wenn du es bisher also »nur« geschafft hast, deinen Müll um etwa 30, 40 oder 50 Prozent zu senken, leistest du damit einen großen Beitrag, selbst wenn deine weiterhin gefüllten Mülltonnen dir ein anderes Bild vermitteln. Außerdem kannst du so nach der 80/20-Regel mehr Energie für andere, ebenfalls wichtige Dinge einsetzen.

Größeninstinkt oder: Warum wir uns von Zahlen täuschen lassen

Wenn alle Deutschen wie empfohlen vierteljährlich ihre Zahnbürsten auswechseln, landen in Deutschland 332 Millionen Zahnbürsten pro Jahr im Müll. Eine schier unfassbare Menge. Bei einem durchschnittlichen Gewicht von 15 Gramm pro Zahnbürste kämen wir mit dieser Rechnung auf etwa 498 Tonnen Plastikmüll nur durch Zahnbürsten. Sollten wir deswegen sofort den Wechsel zu einer plastikfreien Zahnbürste zu unserem obersten Ziel machen? Lieber nicht.

Der sogenannte Größeninstinkt verleitet uns dazu, einzelne Zahlen als gravierender anzusehen, als sie in Wirklichkeit sind. Um Zahlen korrekt einschätzen zu können, sollten wir sie generell mit anderen Zahlen vergleichen und sie in ein Verhältnis setzen.[33]

Schauen wir uns unter diesen Umständen die Zahl noch einmal an. 498 Tonnen Müll sind eine gewaltige Menge. Doch in Relation zu unserem jährlichen Haushaltsmüll von rund 39,6 Millionen Tonnen in Deutschland (476 Kilo pro Kopf im Jahr 2020)[34] würden in unserem Beispiel Zahnbürsten nur einen Anteil von 0,0013 Prozent ausmachen.

- Emissionen sollten generell auch im zeitlichen und finanziellen Kontext gesehen werden. Brauche ich eine Stunde für den Hin- und Rückweg zum Unverpackt-Laden und spare dadurch »nur« 30 Gramm Plastik (eine Plastikverpackung von 500 Gramm Nudeln wiegt etwa 5 Gramm)? Gebe ich drei Euro mehr aus für eine Bambuszahnbürste und spare dadurch »nur« 15 Gramm Plastik ein? Oder gibt es eine andere Aktivität mit besserem Kosten-Nutzen-Verhältnis?

Absolute Zahlen vs. Relationen oder: Warum eine 99-prozentige Einsparung nicht immer so viel ist, wie sie klingt

Gehen wir von einer durchschnittlichen Zahnbürste aus, wiegt sie etwa 15 Gramm. Das sind also 60 Gramm Plastik pro Jahr, über die wir uns regelmäßig Sorgen machen und den Kopf zerbrechen. Mittlerweile gibt es auch Plastikzahnbürsten aus Rezyklat, manche sogar zu 100 Prozent. Wenn wir uns nun für eine Zahnbürste aus 100 Prozent Rezyklat entscheiden, sorgen wir für eine 100-prozentige Plastikeinsparung. Toll! Doch in absoluten Zahlen ausgedrückt, sind es lediglich 15 Gramm Plastik (bzw. 60 Gramm pro Jahr), die wir damit einsparen. Wenn wir uns eine neue Kaffeemaschine kaufen, kaufen wir dann das leichteste und kleinste Modell, das mit dem geringsten Materialaufwand hergestellt wurde? Oder kaufen wir eher die Kaffeemaschine mit den besten Bewertungen?

Es ist im Alltag sehr oft so: Wenn unsere Aufmerksamkeit auf ein Produkt gerichtet wird, das allgemein nicht so im Nachhaltigkeitsfokus steht wie beispielsweise Zahnbürsten, Plastiktüten oder Strohhalme, vergessen wir sehr schnell all unsere Plastiksparbemühungen und treffen unsere Kaufentscheidung ganz unabhängig davon.

Vermutlich, außerdem habe ich auch noch nie von einer Kaffeemaschine aus Rezyklat gehört – schade eigentlich. Doch angenommen, es gäbe eine mit 20 Prozent Rezyklatanteil: Würde der Kauf unser Nachhaltigkeitsbedürfnis gleichermaßen befriedigen wie die Zahnbürste aus 100 Prozent Rezyklat? Wahrscheinlich nicht, weil sie im öffentlichen Bewusstsein nicht als relevant angesehen werden. Dabei hätte die 7 Kilo schwere Kaffeemaschine sogar einen Rezyklatanteil von 1,4 Kilo, im Vergleich zu den 15 Gramm der Zahnbürste. Beim Thema Klimaschutz – und auch sonst – ist es daher sehr wichtig, dass wir unsere Aufmerksamkeit von relativen Zahlen auf absolute Zahlen richten.

- Auch wenn es prinzipiell immer Sinn macht, Zahnbürsten aus Rezyklat zu kaufen, sollte die Zahnbürstenfrage nicht andere Kaufentscheidungen weniger wichtig erscheinen lassen. Viel wirkungsvoller ist es, wenn wir uns darauf konzentrieren, was in absoluten Zahlen den größten Mehrwert bringt.
- Lege also lieber zuerst den Fokus auf das, was in absoluten Zahlen den größten Mehrwert bringt. Wenn der Aufwand oder die Kosten in keinem Verhältnis zum Nutzen stehen, darf man es getrost bleiben lassen.

Abbildung 7 nach ifeu (2020)[35] und VdF (2018)[36]
Orangensaft verursacht mit 0,7 Kilo CO_2 pro Liter etwa doppelt so viele Emissionen wie Apfelsaft, welcher auf 0,4 Kilo CO_2 pro Liter kommt.[37]

Prinzipiell ist es also besser, Apfelsaft statt Orangensaft zu trinken. Kommt der Apfelsaft von heimischen Streuobstwiesen, wirkt sich das zusätzlich positiv auf die Artenvielfalt aus. Dennoch muss man auch hier die Relation im Blick behalten: Der durchschnittliche Pro-Kopf-Konsum von Orangensaft liegt im Jahr bei etwa 7,4 Litern, der von Apfelsaft bei 7 Litern.[38] Ersetzen wir diese 7,4 Liter Orangensaft vollständig durch Apfelsaft, würden wir pro Jahr 2,22 Kilo CO_2 einsparen (wir erinnern uns: Mit einer durchschnittlichen Ernährung kommen wir auf 1.800 Kilo CO_2 pro Jahr). Wenn wir zehn Minuten weniger heiß duschen, verbrauchen wir 10 Kilo CO_2 weniger – das entspricht knapp fünf Jahren Verzicht auf Orangensaft.

Der Instinkt der Schuldzuweisung oder: Warum es nicht an »den bösen anderen« liegt

Hast du dich schon mal gefragt, warum eigentlich ausgerechnet das Biogemüse häufig in Plastik verpackt ist? Da will man umweltbewusst einkaufen, und schon wird man vom Supermarkt mit einer Plastikverpackung bestraft. Na, danke! Wir sollten sofort eine Petition starten und sie auffordern, die Verpackung umgehend wegzulassen.

Wenn wir vor die Wahl gestellt werden, entweder konventionelles, unverpacktes Gemüse zu kaufen oder aber biologisches mit Verpackung, fühlen wir uns an der Nase herumgeführt. Von der Supermarktleiterin oder der ganzen Supermarktkette. Während wir das für uns kleinere Übel auf das Kassenband legen, ärgern wir uns ungemein und denken nach, was wir dagegen tun können und wer an dieser bescheuerten Regelung schuld ist.

Werden wir mit einem Problem konfrontiert, suchen wir instinktiv nach jemandem, dem wir die Schuld dafür geben können. Dass es oftmals keinen greifbaren Grund gibt oder keine einzelne Person, der wir die komplette Schuld in die Schuhe schieben können, erkennen wir nicht.

Durch den Instinkt der Schuldzuweisung gehen wir davon aus, dass Einzelpersonen oder Institutionen sehr viel mehr Macht und Einfluss haben, als es in Wirklichkeit der Fall ist. Nämlich weil es für uns leichter und angenehmer ist, eine einfache Lösung zu haben, statt zu akzeptieren, dass die Welt unvorhersehbar und unberechenbar ist.[39] Mit dieser Sichtweise können wir jedoch dem wahren Ursprung des Problems nicht auf den Grund gehen und auch keine Lösung finden. Denn letztlich liegt es auf der Hand, warum ausgerechnet das Biogemüse in Plastik verpackt ist: Biopaprika sollen nicht mit konventionellen Paprika verwechselt werden. Aufkleber können oft leicht entfernt werden. Wenn dann ausgerechnet du den Aufpreis für eine konventionelle Paprika zahlst, weil versehentlich ein Bioaufkleber drauf ist, ärgerst du dich – zu Recht. Nun könnten Supermärkte doch einfach dazu übergehen, das konventionelle Gemüse in Plastik zu verpacken. Allerdings wird von dem konventionellen Gemüse mehr gekauft, sodass die Plastikflut dadurch nur vergrößert werden würde. Das Problem sind also wir. Wir alle, die das Gemüse kaufen. Wenn wir mehr Biogemüse kaufen würden, wäre das konventionelle verpackt, und wenn wir alle Biogemüse kaufen würden, bräuchte es gar keine Plastikverpackungen oder -banderolen mehr, um das Gemüse zu unterscheiden.

Ähnlich ist es mit der Energiewende. Die wenigsten von uns befürworten ganz offen Kohlekraftwerke. Doch wer von uns bezieht bereits Strom von einem Energieerzeuger, der gänzlich unabhängig von Kohlekraftwerken ist (z.B. Naturstrom AG, EWS Schönau …)? Mit jedem anderen Energieanbieter, auch wenn wir Ökostromtarife wählen, unterstützen wir indirekt den Betrieb von Kohlekraftwerken. Außerdem könnten wir den Strombedarf in Deutschland nicht ausschließlich durch erneuerbare Energien decken – zumindest nicht aktuell, zumal der Bedarf nach Strom gerade rasant steigt, unter anderem durch mehr E-Mobilität und den vermehrten Einsatz von Wärmepumpen. Das Problem liegt also nicht allein bei den Kraftwerksbetreibern, sondern auch ganz stark bei uns allen.

Weg von Schuldzuweisungen, hin zu mehr Gemeinschaftsdenken!

In den meisten deutschen Städten fehlt bezahlbarer Wohnraum. Ein Haus neu zu bauen ist generell schlechter für das Klima, als ein bestehendes Haus entsprechend zu renovieren und zu isolieren. Dennoch muss deutschlandweit neuer Wohnraum geschaffen werden, um der hohen Nachfrage nachzukommen. Wie verteilen wir nun die Emissionen von Neubauten?

Nehmen wir an, drei Familien suchen eine neue Bleibe. Sie alle schauen sich eine Wohnung an, die gerade frisch saniert wurde. Eine Familie hat Glück und bekommt den Zuschlag. Die zweite Familie hat ein paar Monate später auch Glück und findet ein kleines Niedrigenergiehaus. Die dritte Familie hat leider Pech und beschließt schließlich, weiter außerhalb, wo sie sich den Grundstückspreis leisten kann, neu zu bauen. Streng genommen belädt sich die dritte Familie mit einem Berg an Emissionen durch den Neubau – und durch viele notwendige Autofahrten kommen noch sehr viele weitere dazu. Doch hätte sie den Zuschlag für das Niedrigenergiehaus ganz in der Nähe einer S-Bahn-Haltestelle bekommen, sähe ihre Bilanz ganz anders aus – und unter Umständen hätte die zweite Familie neu gebaut. Wir sind bei vielem nicht gänzlich frei in unseren Entscheidungen. Wir müssen oftmals nehmen, was wir bekommen – nicht jede:r hat einen Job oder einen Wohnort, bei dem der Verzicht aufs Auto möglich ist. Und wenn es uns besser trifft, müssen dafür oft andere gucken, wo sie bleiben. Es gibt Entscheidungen, die wir gänzlich unabhängig treffen können, beispielsweise ob wir in den Urlaub fliegen oder nicht, ob wir längere Strecken in den Urlaub mit der Bahn fahren statt mit dem Auto, ob wir bei kürzeren Strecken wie zum Brötchenholen das Fahrrad nehmen. Beim Thema Wohnungssuche können wir jedoch nicht so unabhängig entscheiden. Unsere Entscheidung steht mit dem Verhalten anderer in Verbindung. Wenn sich 100 Menschen plötzlich vegan ernähren wollen, können sie das tun, ohne andere in ihrer eigenen Ernährungsentscheidung zu beeinflussen. Doch wenn 100 Menschen plötzlich alle in einem bereits erbauten Niedrigenergiehaus wohnen wollen, werden das 99 von ihnen nicht können. Wir brauchen mehr bezahlbaren und ökologisch vertretbaren Wohnraum. Und wir brauchen unbedingt ein stärkeres Gemeinschaftsdenken, weg von Schuldzuweisungen. Mit Blick auf die Klimakrise ist es letztlich schlichtweg egal, wer von uns ein Haus neu baut oder wer von uns in einer schlecht gedämmten Wohnung lebt bzw. leben muss. Denn Fakt ist: Wir müssen gemeinsam daran arbeiten, dass Wohnen (und Heizen) insgesamt wesentlich klimafreundlicher wird. Im Niedrigenergiehaus zu sitzen und fröhlich aus dem Fenster zu winken und sich über die eigenen geringen Emissionen zu freuen hilft letztlich selbst den Bewohner:innen dieses Hauses nicht weiter – außer finanziell.

Priming-Effekte oder: Warum wir unseren Kopf nicht unter Kontrolle haben und warum Geld alles schlimmer macht

Wenn ein Reiz unser Denken so beeinflusst, dass er sich auf darauffolgende Handlungen oder Entscheidungen auswirkt, nennt man das den Priming-Effekt. Dieser Effekt ist in unserem Alltag allgegenwärtig – und läuft leider vollkommen unbewusst ab. Wer würde denken, dass wir signifikant egoistischer handeln und entscheiden, sobald wir kurz davor bewusst oder unbewusst an Geld gedacht oder einfach einen Geldschein gesehen haben?

In einem Versuch der Psychologin Kathleen Vohs reichten bereits Monopoly-Geldscheine oder ein Bildschirmschoner mit Dollarscheinen im Hintergrund, dass die Teilnehmer:innen ein verändertes Verhalten zeigten.[40]

Diese Mechanismen sind nicht steuerbar, wir haben darauf überhaupt keinen Einfluss. Doch wenn wir um diese Effekte wissen, können wir versuchen, ihnen vorzubeugen. Zum Beispiel, indem wir im Alltag versuchen, Geld oder auch Gegenstände, die uns an Geld erinnern, wie Bankkarten oder Geldbeutel außer Sichtweite zu lassen.

Zudem können wir versuchen, den Priming-Effekt zu unseren Gunsten zu nutzen: In einem anderen Versuchsaufbau wurde nachgewiesen, dass eine Kasse neben einem Kaffeeautomaten, die auf Vertrauensbasis gefüllt wurde, stets mehr Geld beinhaltete, wenn über der Kasse ein Poster mit Augen angebracht wurde. Hing ein Blumenbild über der Kasse, gingen die Einnahmen wieder zurück.[41]

- Wenn du eine Gewohnheit ändern möchtest, dann lass dich ruhig dabei »beobachten«. Es wird dadurch einfacher, sich »richtig« zu verhalten.
- Wenn Entscheidungen, die das Klima betreffen, anstehen, achte darauf, dass du nicht versehentlich unter dem Einfluss von Priming stehst. Denn dann fällt jede Entscheidung egoistischer und weniger klimafreundlich aus.

End-of-History-Illusion oder: Warum wir uns die Zukunft nicht vorstellen können

Werden wir gefragt ob wir denken, dass sich unsere Persönlichkeit und unsere Vorlieben in den nächsten 10 oder 20 Jahren stark verändern werden, verneinen das die meisten Menschen. Sollen wir jedoch die Veränderungen der letzten 10 oder 20 Jahre bewerten, fällt die Antwort völlig anders aus.

Generell stellen wir rückblickend viel größere Veränderungen fest, können uns jedoch nicht vorstellen, dass wir uns in Zukunft stark verändern werden.[42]

Diese psychologischen Erkenntnisse lassen sich in unserem Alltag und unseren alltäglichen Klimaschutzbemühungen anwenden. Wenn wir etwas neu anschaffen, können wir uns im Moment des Kaufs nicht vorstellen, das Produkt jemals nicht mehr zu wollen oder brauchen zu können. Doch wenn wir in die Vergangenheit schauen, stellen wir fest, wie oft wir bereits neue Möbel, Kleidung und sonstige Gegenstände gekauft haben, die wir schon lange nicht mehr besitzen.

Streng genommen müssen wir bei jedem Kauf und bei jeder größeren Entscheidung davon ausgehen, dass wir irgendwann nicht mehr zufrieden damit sein werden, weil sich unsere Vorstellungen und unser Geschmack verändert haben. Wenn wir nun losziehen und extra haltbare und langlebige Edelstahldosen kaufen wollen, sollten wir diese Illusion zwingend bedenken. Brauchen wir wirklich Küchenzubehör, das die nächsten 80 Jahre locker überdauern kann? Werden wir die Behälter so lange nutzen wollen? Oder könnte sich unser Bedarf oder Geschmack bereits in fünf Jahren so verändern, dass die Behälter im Keller verstauben werden?

Aus Klimasicht ist die End-of-History-Illusion insbesondere beim Konsum und beim Ausmisten relevant. Der derzeitige Konsens, der durch Aufräumratgeber vermittelt wird, lautet: Alles, was wir ein Jahr lang nicht gebraucht haben, fliegt raus. Dass wir Gegenstände, die wir in letzter Zeit nicht gebraucht haben, jemals wieder brauchen könnten, ziehen wir nicht in Erwägung.

Als ich mitten in meiner ersten Ausmistphase steckte, war mein ältestes Kind noch ein Baby, und ich war einfach nur froh, wenn ich mal Zeit hatte, zu duschen oder meine Haare zu waschen. Würde ich irgendwann wieder dazu kommen, mein Glätteisen oder meinen Nagellack zu benutzen? Vollkommen ausgeschlossen, dachte ich. Also verschenkte ich den Nagellack. Nur die Tatsache, dass mein Mann mir das Glätteisen geschenkt hatte, verschonte es vor dem gleichen Schicksal. Es landete in einer Kellerkiste und wurde ziemlich genau vier Jahre später wieder daraus befreit und wird inzwischen wieder mit großer Freude benutzt.

- Ich bin ein großer Fan vom Aufräumen und Ausmisten (siehe Kapitel 9), insbesondere wenn es um offensichtliches Gerümpel geht und Sachen, von denen wir deutlich zu viel haben. Doch wir sollten vorsichtig sein, wenn wir allzu minimalistische Ambitionen haben.
- Sei dir bewusst, dass jede Lebenslage andere Ansprüche und Bedürfnisse mit sich bringt. Und auch, dass auf die jetzige Lebensphase eine mit wieder anderen Bedürfnissen folgt.
- Sortiere im Winter lieber keine Sommerkleidung aus und umgekehrt. Bei dreißig Grad werfen wir sonst zu schnell Wintersachen weg, die wir im nächsten Winter dann doch hätten gebrauchen können.

- Entrümpele nur dann im großen Stil, wenn es eine echte Auswirkung auf dein zukünftiges Konsumverhalten hat – sprich: wenn du danach nicht wieder »auffüllst«.

Ganz gleich, ob es um unsere persönlichen Interessen oder um die äußeren Rahmenbedingungen geht: Wir können uns auch Veränderungen der Verhältnisse und damit den zukünftigen Nutzen einer Reform nur schwer vorstellen.[43] Und so kochen, insbesondere bei »emotionalen« Themen wie dem Autofahren, schnell die Gemüter hoch, wenn neue Regeln eingeführt werden sollen. So wurden früher sehr hitzige Diskussionen über die Gurtpflicht geführt, sogar von Freiheitsberaubung war die Rede. Auch die Diskussion um die Einführung von Tempo 30 in Wohngebieten wirkt aus heutiger Sicht absurd: Angeblich wäre dies zu teuer, außerdem sinnlos, und es gab Befürchtungen, dass durch diese Maßnahme Staus zunehmen würden.[44] Heutzutage ist für uns beides eine Selbstverständlichkeit. Nur weil wir uns eine Maßnahme bzw. deren Folgen heute nicht vorstellen können, heißt das nicht, dass sie unmöglich bzw. nicht umsetzbar ist. Wir als klimabewusste Wähler:innen sollten also auf Lösungen pochen, die nachweislich gut für den Klimaschutz sind, wie ein Tempolimit auf Autobahnen, die Verknappung bzw. Verteuerung von Parkplätzen als Anreiz, das Auto stehen zu lassen. Und zwar auch dann, wenn uns viele Menschen weismachen wollen, dass solche Maßnahmen nicht umsetzbar seien. Letztlich gewöhnen wir uns schnell an neue Verhältnisse, selbst wenn sie negativ sind: Beispielsweise hat der Autoverkehr zwischen 1995 und 2019 um 20 Prozent zugenommen.[45] Für uns ist das heutige Verkehrsaufkommen ganz normal, in den 1990ern hätten wir die Vorstellung davon wohl als Zumutung empfunden. Die Tatsache, ob wir uns die Umsetzung einer Maßnahme vorstellen können oder nicht, sollte demnach kein Maßstab sein – unsere Gehirne sind nicht darauf ausgelegt. Wenn es um klimarelevante Entscheidungen geht, sollten wir also nicht auf unser Gefühl bauen oder auf unsere Gedanken zu dem, was funktionieren könnte, sondern sollten rein nach wissenschaftlichen Aspekten vorgehen.

4

DENKFEHLER TEIL 2: GELD UND LANGFRISTIG PLATZ SPAREN

Wir erinnern uns: Die Größe unserer Wohnung oder unseres Hauses trägt maßgeblich zu unserem jährlichen CO_2-Ausstoß bei. Je mehr wir besitzen und konsumieren, umso größer muss auch unser Wohnraum sein. Daher schauen wir im Folgenden ganz genau auf klassische Denkfehler, die wir oft dann begehen, wenn es um unseren Besitz und ums Einkaufen geht.

Auch wenn es vielleicht auf den ersten Blick nicht so wirkt, ist unsere Einstellung zum Einkaufen auf allen Ebenen höchst ambivalent, folgt merkwürdigen Mustern und findet zum großen Teil unbewusst statt. Letztlich haben wir ziemlich komplizierte Beziehungen zu Besitztümern. Damit aus kompliziert nicht unnötig und nervenaufreibend wird, helfen zum Glück aber simple Tipps.

Endowment-Effekt oder: Warum wir nicht nur aus hygienischen Gründen im Laden wenig anfassen sollten

Der Endowment-Effekt oder auch Besitztumseffekt beschreibt das Phänomen, dass es uns widerstrebt, ein Objekt abzugeben, das wir besitzen. Versuchsteilnehmer:innen, die einen Gegenstand erhielten, schätzten den Wert des Gegenstands um einiges höher ein als die Kontrollgruppe, die den tatsächlichen Geldwert des Objekts erhielt. Zudem waren diejenigen, die den Gegenstand erhalten hatten, weniger gewillt, ihn gegen Geld einzutauschen. Bei den Teilnehmer:innen, die den Gegenstand bekommen hatten und ihn verkaufen sollten, wurden während Hirnscans sogar Aktivitäten in Hirnregionen nachgewiesen, die mit Ekel und Schmerz assoziiert sind.[46]

Das erklärt unser Verhalten, wenn wir in einem Laden sind und mit etwas liebäugeln: dem Kissen da vorne mit dem schönen Muster, das uns auf Anhieb gefallen hat. Der tollen Vase, die perfekt zu dem Kissen passen würde. Dem Kuscheltier, welches uns mit flehenden Augen anschaut – und wir wissen: Darüber würden sich die Kinder so freuen. Wir schleichen darum herum, überlegen, nehmen es in die Hand. Es gefällt uns sehr gut, doch ob wir es auch wirklich brauchen? Am Ende haben wir es so lange berührt und betrachtet, dass wir gar nicht mehr anders »können«, als es mitzunehmen, denn irgendwie fühlt es sich ja fast schon so an, als würde es uns gehören …

- Schau, dass du beim Einkaufen Dinge so wenig wie möglich in die Hand nimmst und sie so spät wie möglich in deinen Korb legst. Fasse nur Sachen an, die wirklich in die engere Auswahl kommen. Erst wenn du dich aus rationalen Gründen für ein Produkt entschieden hast, sollte es in den Korb. Bedenken wir diesen psychologischen Trick nicht, besitzen wir bald (noch) mehr, als wir tatsächlich brauchen, und sorgen durch unseren Konsum für mehr Emissionen.

Tipp: Auch beim Kelleraufräumen können wir diesen Effekt beobachten. Wir bewerten den Nutzen und den Wert all unserer Besitztümer (ob nun wirklich wertvoll oder Gerümpel) höher, einfach aus dem Grund, weil wir sie besitzen. Wenn du also versuchen möchtest, Ordnung zu schaffen und Überflüssiges weiterzugeben (siehe Kapitel 9), erinnere dich an den Endowment-Effekt.

Verlustaversion oder: Warum der Fokus aufs Verlieren besser sein kann

Unser Besitz ist uns sehr wichtig und ihn zu verlieren uns unheimlich. Dieses Phänomen können wir uns zunutze machen, denn: Potenzielle Verluste wiegen für uns schwerer als potenzielle Gewinne.[47] Statt also zu schauen, wo du Emissionen einsparen kannst, solltest du vielmehr auf die Verluste schauen, die du durch deinen Lebensstil machst.

- Frage dich also lieber, wie viel Geld du jährlich durch Stromfresser, den Sprit, die Heizkosten und die hohe Miete für die große Wohnung *verlierst*. Und nicht, wie viel Geld du durch einen Umzug oder eine Isolierung *einsparen könntest*.

Kognitive Leichtigkeit oder: Warum gute Laune uns oft teuer zu stehen kommt

Wer kennt es nicht? Beschwingt und fröhlich laufen wir durch das Möbelhaus und finden lauter tolle Dinge. Heute läuft es richtig gut! Während sich der Wagen füllt, freuen wir uns, den Shoppingtrip so erfolgreich zu meistern.

Doch gut gelaunt sind wir weniger aufmerksam und anfälliger für Fehlentscheidungen. Denn unser Unterbewusstsein signalisiert uns, dass keine Gefahr droht; dadurch reflektieren wir weniger.[48]

Diese Eigenart unseres Gehirns macht uns insbesondere beim Einkaufen anfällig für Impulskäufe. Ein schönes Design, das die Laune hebt, ein einprägsamer Satz auf dem Produkt, ein ansprechender Name, der darüber hinaus leicht auszusprechen ist – zusammen reicht das aus, dass wir ein Produkt kaufen, ohne es zu benötigen und ohne dass es uns einen spürbaren Zusatznutzen bringt.

- Du könntest dir z.B. eine Liste anlegen mit Sachen, die du kaufen willst, oder dir bestimmte Artikel auf deinem Merkzettel abspeichern. Wenn du dir dann die Bilder so oft wie möglich anschaust, wirken die anfangs so verheißungsvollen Produkte nach einem Monat schon nicht mehr so toll – schlicht und einfach, weil sie für uns nicht mehr neu sind und wir uns an sie gewöhnt haben.

Neomanie oder: Warum das Neue von heute, morgen schon wieder von gestern ist

Neues bewerten wir prinzipiell besser als Gutes. Das ist, kurz gefasst, der Denkfehler der Neomanie – der auch schon zum Ende etlicher Beziehungen geführt hat. Wenn wir beispielsweise zwei neue Pullis kaufen wollen, kaufen wir selten zweimal den gleichen Pulli. Wir kaufen lieber zwei unterschiedliche Pullis, auch wenn der eine uns etwas weniger gut gefällt als der erste, den wir gefunden haben.

Diesen Effekt machen sich Hersteller zunutze und lösen durch häufige Neuerscheinungen den Wunsch aus, neue Produkte zu besitzen. In den wenigsten Fällen werden uns gänzlich erneuerte Produkte vorgestellt. Meist wird uns durch wenige Änderungen (häufig rein optischer Art) lediglich das Gefühl gegeben, unser bisheriges Produkt sei veraltet. Hier spricht man von psychischer Obsoleszenz – unser vollkommen funktionstüchtiges Smartphone, das wir vor einem Jahr gekauft haben, erscheint uns im Vergleich mit dem Nachfolgemodell mit neuer Farbe, neuer Haptik und einer minimal verbesserten Kamera als überholt.

- Lass dich nicht von neuen Funktionen blenden, die du sowieso nicht brauchst, und benutze technische Produkte im Idealfall so lange wie möglich.
- Bevor du ein neues Gerät kaufst bzw. dich auf die Suche begibst, schreib dir ganz konkret die Funktionen auf, die du wirklich brauchst, und lass dann unnötige und für dich uninteressante Funktionen außen vor.
- Ähnlich wie bei dem Endowment-Effekt kannst du versuchen, dir ein neues Produkt zu eigen zu machen, ohne es zu kaufen, indem du dir oft Bilder davon anschaust und du dich somit daran gewöhnst. Dein Interesse wird schneller nachlassen, und du schützt dich vor einem überstürzten Kauf.

5

UNSERE ABLÄUFE VERBESSERN: WIE STRUKTUREN UNS FREIRÄUME SCHAFFEN KÖNNEN

Es ist wissenschaftlich erwiesen, dass wir Zeit und Energie sparen, je strategischer und routinierter wir vorgehen. Deshalb knöpfen wir uns zunächst unsere Abläufe vor. Denn sie bergen viel Potenzial an Einsparungen bei einem verhältnismäßig geringen Aufwand und ohne große Einschnitte oder Verzichte – im Gegenteil, wir gewinnen dadurch sogar.

Wenn wir uns gut funktionierende Organisationen anschauen, fällt auf, dass dort grundsätzlich nach klaren Strukturen vorgegangen wird, die immerzu gleich sind. Diese sogenannten Abläufe sind erprobt, denn sie wurden im Laufe der Zeit so effizient wie möglich gestaltet. Niemand in der Produktion oder einer halbwegs vertrauenswürdigen Organisation käme auf die Idee, völlig ohne Plan und Strategie zu handeln.

Warum machen wir das dann allzu oft bei uns zu Hause? Schauen wir uns bei uns um, können wir bei näherem Hinsehen ebenfalls etliche Abläufe entdecken, nur sind sie selten so klar formuliert oder strukturiert. Wer wirklich gut organisiert ist, hat vielleicht so etwas wie einen Putzplan oder feste Tage, an denen die Pflanzen gegossen werden. Viele Abläufe laufen aber eher nach Gefühl ab. Das führt manchmal dazu, dass wir hungrig Mengen einkaufen, die wir gar nicht essen können. Oder dass sich die Wäsche stapelt und wir uns durchwühlen müssen, um unsere Kleidung zu finden. Oder Rechnungen verstecken sich zwischen Werbeprospekten und ersten Mahnungen. Wenn zu all dem normalen Alltagswahnsinn nun auch noch ein »ab sofort alles in klimafreundlich, bitte« hinzukommt, kann uns das schnell überfordern, und wir wissen gar nicht, wo wir ansetzen sollen.

Obwohl sich »Abläufe verbessern« erst mal nach Arbeit anhört, macht es jedoch keine zusätzliche Arbeit, im Gegenteil: Es entlastet uns sogar. Eigentlich geht es vor allem darum, Arbeit, die sowieso getan werden muss, so einzuteilen, dass für uns keine Extraarbeit entsteht – ein Beispiel: die Wäsche, die zu lange in der Waschmaschine lag und nun nochmal gewaschen werden muss, weil sie bereits müffelt.

Auf den Seiten 28 bis 31 wird bereits ansatzweise deutlich, wie feste Abläufe unser Leben wesentlich erleichtern können.

Angenommen, ich möchte mir gerne häufiger etwas zu essen mit zur Arbeit nehmen, da ich mir sonst irgendetwas Ungesundes und ganz und gar nicht Klimafreundliches kaufen muss, hängen an dieser vermeintlich simplen Aufgabe etliche Abläufe dran: Um mir etwas zu essen einzupacken, brauche ich auslaufsichere Boxen, welche gespült sein müssen. Außerdem muss ich sie finden und abends richten. (An alle top organisierten Menschen, die sich gerade fragen, was zur Hölle ich euch versuche zu erklären: Bitte einfach weiterblättern. Viele Normalsterbliche wissen, dass so etwas eine Herausforderung sein kann.) Zudem muss jemand kochen, und vom Gekochten muss etwas übrig bleiben. An der einfachen Aktivität »sich etwas zu essen zur Arbeit mitnehmen« hängen also mindestens drei Abläufe: Einkaufen gehen, Kochen und Geschirr spülen. Wenn es an einem dieser Punkte hakt, wird das vermeintlich einfache Unterfangen schwierig.

Indem wir beginnen, bei den alltäglichen Tätigkeiten in Abläufen zu denken, lässt sich das ganze Chaos entwirren, und wir können ganz konkret an bestimmten Abläufen arbeiten und dafür sorgen, dass wir damit unsere gesteckten Ziele erreichen. Oftmals hilft es auch schon, sich bewusst zu machen, dass alles, was wir tun, miteinander verbunden ist und kaum eine Aufgabe oder ein Vorhaben gänzlich isoliert vom restlichen Alltag betrachtet werden kann. Wir sind also nicht zu unorganisiert, wenn sich bei uns das Geschirr stapelt oder sich die Wäsche türmt, wir haben es lediglich noch nicht geschafft, die Rahmenbedingungen so zu verändern, dass wir uns angemessen um die Aufgaben kümmern können. (Oder die Rahmenbedingungen sind aktuell so, dass wir es einfach nicht stressfrei schaffen, uns um alles zu kümmern – Stichwort: Kinder.)

Wenn wir Abläufe suboptimal oder gar nicht planen, verursachen wir mit hoher Wahrscheinlichkeit Emissionen, die für uns keinen erkennbaren Mehrwert haben. Wenn wir beispielsweise wegen schlechter Planung zu viele Lebensmittel kaufen und dann Teile davon wegwerfen müssen, verursachen wir Emissionen, die für uns keinerlei Nutzen haben und die uns darüber hinaus bares Geld kosten. Wie oft das vorkommt, beweisen Zahlen: Deutsche Haushalte verschwenden jährlich 75 Kilo Lebensmittel pro Person.[49]

Wir haben persönlich auch nichts davon, wenn wir einen ewig langen Wäschestau zulassen und Ewigkeiten brauchen, bis wir unsere Dreckwäsche waschen, und sie dann erst nach Tagen oder gar Wochen im Wäschekorb in den Schrank räumen. Auf der Suche nach einem bestimmten Pulli durchwühlen wir manchmal Stapel oder Berge von gewaschener Wäsche, die noch nicht zusammengelegt ist. Hätten wir die Wäsche unmittelbar nach dem Trocknen zusammengelegt und eingeräumt, hätten wir alles immer griffbereit. So müssen wir vermutlich insgesamt mehr Kleidung besitzen und kaufen, um das, was wir gerade brauchen, auch wirklich griffbereit zu haben. Wir sparen also keine Zeit, wenn wir die Wäsche liegen lassen, auch wenn es uns manchmal so vorkommt, denn irgendwann müssen wir sie sowieso aufräumen. Gestalten wir unseren Wäsche-Ablauf wertschöpfend, haben wir einen spürbaren Mehrwert: mehr Platz, mehr Ordnung und weniger Zeit für das Suchen. Für das Klima rentiert es sich ebenfalls, denn wir brauchen weniger Kleidung. Der Zweck von besserer Planung soll nicht sein, dass wir fortan wie Maschinen funktionieren und unser Zuhause einer effizienten Fabrik gleicht und alles nur noch hocheffizient ist. Doch indem wir unsere Abläufe wertschöpfend gestalten, sparen wir Zeit und Geld, kommen stressfreier durch den Alltag und betreiben ganz nebenbei noch aktiven Klimaschutz.

Das Konzept lean@home von Eva Jarlsdotter beschreibt die verschiedenen Abläufe, die sich durch unseren Haushalt und unseren Alltag ziehen, als Fäden bzw. Punkte, wo ein Ablauf ins Stocken gerät, als Fadenknäuel.[50] Je unorganisierter ein Ablauf ist, desto verknoteter das Knäuel. Jeder Knoten steht für einen Punkt im Ablauf, der nicht wertschöpfend ist und den es aufzulösen gilt.

Wenn wir beispielsweise abends auf dem Sofa einschlafen, überall das Licht brennt, wir weder den Tisch vom Abendessen abgeräumt noch unseren Akku für das E-Bike aufgeladen haben, verbrauchen wir Emissionen ohne Mehrwert, schlafen schlecht, haben vermutlich einen sehr unentspannten Morgen und müssen mit dem Auto statt dem Fahrrad fahren.

- Durch unseren Alltag und unseren Haushalt ziehen sich sehr viele verschiedene Abläufe, die viele bisher wahrscheinlich gar nicht als solche gesehen haben. Je mehr wir in Abläufen denken, desto besser und klimafreundlicher können wir unseren Alltag organisieren. Und wie bei allem gilt: nicht gleich alles auf einmal verbessern und angehen, sondern langsam anfangen und bei den »Ablaufknäueln« beginnen, bei denen es am meisten hakt und die für uns und das Klima den größten Nutzen haben.

Beispiele für mögliche Abläufe – wo hakt es bei dir häufig?

Essens-Ablauf, Morgen-, Einkaufs-, Wäsche-, Papierkram-, Putz-, Hausaufgaben-, Nach-Hause-kommen-, Sport-, Freizeit-Ablauf etc.[51]

So könnte ein verbesserter Essens-Ablauf aussehen:
Menüs planen, um Lebensmittelverschwendung vorzubeugen – nur einkaufen, was wirklich benötigt wird – Einkäufe direkt in den Kühlschrank räumen und dabei eine Struktur einhalten, um zu vermeiden, dass gewisse Dinge im Nirvana verschwinden – Essensreste direkt nach dem Kochen in Boxen packen, einmal Boxen für zu Hause und einmal auslaufsichere zum Mitnehmen.
→ Um den Essens-Ablauf zu verbessern und Lebensmittelverschwendung vorzubeugen, kann es sinnvoll sein, einheitliche Boxen anzuschaffen, die sich auch zum Einfrieren eignen. Wir nutzen Glas- und Plastikboxen da sie durchsichtig sind und wir so immer den Überblick über alle Essensreste haben. Eckige Boxen haben den Vorteil, dass sie weniger Platz brauchen.

Ein Morgen an Wochentagen ist für die meisten Berufstätigen mit Stress verbunden, erst recht wenn Kinder mit im Spiel sind. Indem wir unseren Morgen-Ablauf besser planen, verhindern wir schlechte Laune, unnötigen Zeitdruck und ein hastiges und ungesundes Frühstück.

Ein wertschöpfender Morgen-Ablauf (mit Vorlauf am Vortag) könnte so aussehen:
Abends den Tisch decken – Fahrradakku aufladen – alle Anziehsachen und Schuhe und Rucksäcke stehen am Vorabend bereit – ins Bett gehen, statt auf dem Sofa einzuschlafen – rechtzeitig aufstehen, um in Ruhe frühstücken zu können – Boxen mit Resten vom Vortag in die Rucksäcke – geladenen Fahrradakku nehmen und losradeln
→ Ein fester Ort für Kleidung, die wir am nächsten Tag tragen wollen, hilft gegen Unordnung und Stress am Morgen. Haben wir ein E-Bike, hilft uns ein fester Ladeablauf mit einem festen Ort als Ladestation. Eine gut durchdachte Morgenroutine, die für uns und unsere Familie funktioniert, kann ein unglaublich wirkungsvolles Instrument sein, um uns gut durch den Tag zu bringen.

Möglicher Nach-Hause-kommen-Ablauf
Taschen ausräumen – Essensboxen in Spülmaschine – Reste gegebenenfalls in den Kühlschrank – nasse Kleidung aufhängen

Möglicher Papierkram-Ablauf
Alle wichtigen Briefe in den Posteingang, Unwichtiges direkt recyceln – nach dem Öffnen sortieren (Ablage, zu erledigen, Rechnungen etc.) – in regelmäßigen Abständen den »Zu erledigen«-Stapel abarbeiten, Rechnungen bezahlen und Briefe für die Ablage abheften

Möglicher Wäsche-Ablauf
Es kann helfen, ihn so aufzubrechen, dass alle Familienmitglieder dazu beitragen. So läuft es mittlerweile bei uns ab: Ich sammle die Dreckwäsche zusammen, mein Mann bringt sie in den Keller und kümmert sich ums Waschen und Trocknen bzw. Aufhängen im Sommer. Er bringt die getrocknete Wäsche im Korb ins Schlafzimmer. Morgens lüfte ich durch und räume währenddessen die Wäsche weg und bringe den Korb zurück an seinen festen Platz. Wenn niemand krank ist oder sonst etwas dazwischenkommt, schaffen wir es, dass der volle Wäschekorb nicht länger als 24 Stunden herumsteht. Ich kann es nicht leiden, volle Körbe durchs Haus zu tragen, und mein Mann legt nicht gerne Wäsche zusammen. Seit wir diese feste Aufgabenteilung haben, haben alle Familienmitglieder immer genügend Anziehsachen im Schrank. (Es sei denn, die Kinder spielen mal wieder Urlaub oder Umzug und stopfen all ihre Habseligkeiten in sämtliche Rucksäcke und Taschen, die sie finden können ...) Jetzt müssen wir nur noch das Sockenproblem lösen, bei gefühlt der Hälfte fehlt der zweite Socken ...

- Abläufe sollen uns nicht unter Druck setzen, darum geht es nicht. Befinden wir uns in einer Ausnahmesituation (Krankheit, Geburt von einem Kind, psychische Probleme), sind Abläufe zweitrangig. Ob wir uns vorübergehend die Anziehsachen direkt vom Wäscheständer holen statt aus dem Kleiderschrank, ist dann wirklich egal.

Acht Werkzeuge, mit denen wir es schaffen, unsere Abläufe klimafreundlicher zu gestalten

5-Why-Methode: Wieso, weshalb, warum? Wer nicht fragt, bleibt dumm.

Die Sesamstraße macht es vor. Also: Welche Posten bergen bei dir zu Hause das größte Einsparpotenzial? Wo kannst du dich klimafreundlicher verhalten? Und was genau hält dich davon ab? Um die Ursache für Probleme herauszufinden, hilft die Strategie, fünfmal »Warum?« zu fragen (5-Why-Methode).[52] Ein persönliches Beispiel führt die Vorteile dieser Methode schnell vor Augen:

Warum schaffe ich es nicht häufiger, mich vegan zu ernähren?

- Ich muss mir bei der Arbeit etwas beim Bäcker kaufen, dort gibt es keine veganen Sachen.

Warum muss ich mir etwas beim Bäcker kaufen?

- Weil ich es nicht schaffe, mir etwas von zu Hause mitzunehmen.

Warum schaffe ich es nicht, mir Essen von zu Hause mitzunehmen?

- Weil nicht immer etwas übrig bleibt und ich oft keine Boxen zum Mitnehmen finde.

Warum finde ich keine Boxen, und warum bleibt nicht immer etwas übrig?

- Weil die Brotboxen meist noch dreckig in irgendeiner Tasche liegen und mein Mann mittags nur für sich selbst und die Kinder kocht.

Warum liegen die Brotboxen in irgendeiner Tasche, und warum kocht mein Mann nie für mich mit?

- Weil ich nachmittags einfach meine Tasche in die Ecke werfe und sie nicht ausräume und weil mein Mann denkt, dass ich mir mittags lieber etwas vom Bäcker kaufe.

Schauen wir uns die Antworten zu den fünf Warum-Fragen an, könnten wir nach der ersten Frage auf die Idee kommen, dass es am Bäcker und der dortigen Auswahl liegt (was zum Teil auch stimmt, nur können wir hier nichts dagegen tun, zumindest nicht schnell und einfach). Nach der dritten Frage wirkt es, als ob wir einfach mehr Boxen zum Mitnehmen bräuchten. Nach der fünften Frage haben wir eine Antwort, mit der wir arbeiten können. Fragen wir noch einmal (denn die Methode heißt nicht, dass wir nach fünfmaligem Fragen aufhören müssen, wir fragen so lange, bis wir eine zufriedenstellende Antwort erhalten), stellt sich heraus, dass ich meine Tasche in die Ecke werfe, weil es keinen festen Ort dafür gibt und ich besser mit meinem Mann kommunizieren muss …

Ich habe also als Lösung meines Mittagessensproblems mit meinem Mann gesprochen und ihm gesagt, wie viel ich gerne mit zur Arbeit nehmen würde. Außerdem habe ich meinen Nach-Hause-kommen-Ablauf verbessert: Seitdem hänge ich meine Tasche an einen Haken, sobald ich zur Tür reinkomme, und räume sie direkt aus. So konnte ich an den meisten Tagen der Arbeitswoche etwas zu essen von zu Hause mitnehmen und kaufte mir nur noch ab und zu etwas vom Bäcker. Aktuell geht mein Mann arbeiten, und ich bin fürs Kochen zuständig – an einer gut funktionierenden Routine arbeiten wir noch.

Das Fogg Behavior Model: Die Zauberformel, mit der wir fast alles schaffen können

Doch warum klappt es manchmal trotzdem nicht, dass wir uns so verhalten, wie wir es uns eigentlich vorgenommen haben? Wir wollten eigentlich mehr mit dem Fahrrad fahren, uns öfter mal vegan ernähren und regelmäßig unsere Heizkörper entlüften, und dann machen wir das Gegenteil. Während ich hier gerade über klimabewusstes Verhalten schreibe und wie klimawirksam das Heizen ist, gluckert die Heizung in meinem Arbeitszimmer – und das seit mindestens zwanzig Seiten. Ich wusste von Anfang an, dass ich sie entlüften muss. Warum habe ich es nicht getan?

Wissen alleine reicht nicht, um ein gewisses Verhalten auszulösen. Der Verhaltensforscher und Professor an der Stanford-Universität BJ Fogg hat mit dem *Fogg Behavior Model* (Fogg-Verhaltensmodell) ein universelles

Modell entwickelt, das zeigt, wie Verhalten entsteht und beeinflusst werden kann. Laut diesem Modell müssen drei Voraussetzungen erfüllt sein, dass bestimmte Verhaltensweisen (Behavior) entstehen können. Wir müssen motiviert sein (Motivation), die Machbarkeit muss gegeben sein, bzw. wir müssen die Fähigkeit dazu haben (Ability), und wir brauchen einen Auslöser (Prompt):

Verhalten = Motivation + Machbarkeit + Auslöser (B=MAP)

Was wir also brauchen, um ein gewisses Verhalten bei uns auslösen zu können, ist ein optimales Zusammenspiel aus Motivation und Machbarkeit und einen passenden Auslöser.

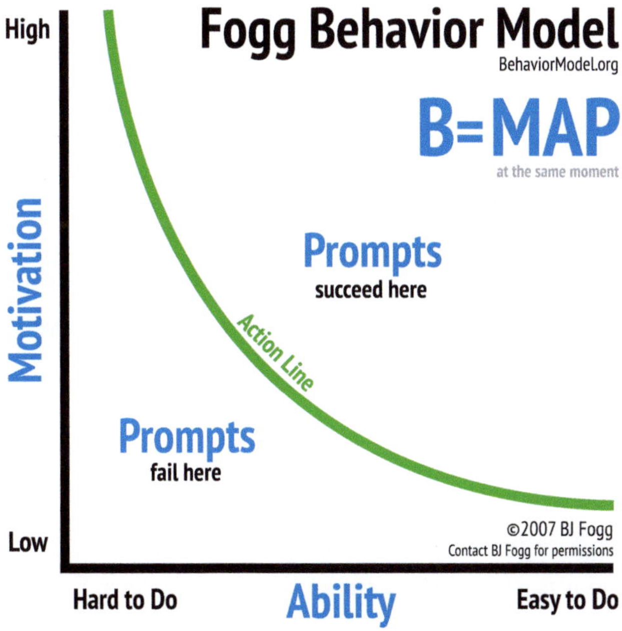

Abbildung 8 (mit freundlicher Genehmigung von BJ Fogg)
Mit hoher Motivation (High Motivation) lassen sich schwierige Dinge (Hard to Do) lösen, für einfache Aufgaben (Easy to Do) braucht es hingegen deutlich weniger Motivation. Bei allem, was unterhalb der Handlungslinie (Action Line) liegt, sind Auslöser unwirksam (Prompts fail here), bei allem, was oberhalb der Handlungslinie liegt, sind Auslöser wirksam (Prompts succeed here).

Um das einmal auf mein Beispiel anzuwenden: Ich bin hoch motiviert, meinen Heizkörper zu entlüften, schließlich schreibe ich gerade ein Buch zu klimabewusstem Leben und möchte mit bestem Beispiel vorangehen. Einen Auslöser bekomme ich seit Tagen präsentiert in Form des gluckernden Geräuschs. Der Knackpunkt ist die Machbarkeit: Ich kann es nicht. Ich habe mir mal ein Video dazu angeschaut und weiß theoretisch, wie es geht, doch dieser Schlüssel, den man dazu braucht ... tja, wo ist der bloß? So kommt es, dass ich seit Tagen die Heizung auslasse, weil mich das Geräusch ständig an meine Unzulänglichkeit erinnert und mir ein schlechtes Gewissen bereitet. Weil ich inzwischen trotz Wollpullover und dicken Socken ganz schön friere, fällt es mir zunehmend schwer, das Heizungsproblem auszublenden.

Dieses Prinzip funktioniert natürlich auch umgekehrt: Will ich ein unerwünschtes Verhalten ab sofort unterbinden, entferne ich den Auslöser für mein Verhalten.[53] Möchte ich seltener das Auto nehmen, könnte ich das Auto außer Sichtweite parken und den Autoschlüssel in einer Schublade deponieren. Der Auslöser dafür, dass ich doch das Auto nehme, ist weg, da ich es nicht direkt vor der Haustür stehen habe und nicht ständig den Autoschlüssel sehe. Wenn ich es mir dann noch leichter mache, das Fahrrad zu nehmen, indem es ständig einsatzbereit vor der Tür steht (im Falle eines E-Bikes aufgeladen, Sattel trocken, Regenkleidung griffbereit), bin ich meinem Ziel noch einen Schritt nähergekommen.

- Wenn etwas nicht klappt, rufe dir das vorgestellte Verhaltensmodell und die Komponenten B MAP in Erinnerung, und schau, an welchem der Punkte die Umsetzung von deinem Vorhaben scheitert.

Aufgaben aufbrechen: Warum wir nicht alles auf einmal machen sollten

Bei Vorhaben, die eine gewisse Vorbereitung brauchen, kann es außerdem hilfreich sein, sie in die Punkte Planung, Vorbereitung und Durchführung aufzubrechen, insbesondere wenn wir unter Zeitdruck stehen. Denn wenn ich in mein Arbeitszimmer komme, muss ich eigentlich sofort loslegen mit Arbeiten und nicht erst Ewigkeiten damit verbringen, den Heizkörper zu entlüften – spätestens nach einer Stunde (wenn ich Glück habe, erst zwei Stunden) werde ich entweder von einem Kind, einer Katze oder der Klingel unterbrochen. Wenn ich erkannt habe, dass ich lernen muss, wie man einen Heizkörper entlüftet, breche ich den Vorgang wie folgt auf:

1. Planung: Ich überlege, wann eine gute Zeit wäre, um den Heizkörper zu entlüften, und plane das entsprechend ein.
2. Vorbereitung: Damit ich zum gewählten Zeitpunkt nur noch loslegen muss, lege ich vorher das Werkzeug bereit und schaue mir das Video mit der Anleitung an.
3. Durchführung: Ist alles geplant und vorbereitet, kann ich ohne zeitliche und gedankliche Verzögerung sofort zur Tat schreiten. Durch die gute Vorbereitung mache ich mir die zügige Umsetzung um einiges leichter und auch wahrscheinlicher.

Hier kommt auch wieder die kognitive Ermüdung ins Spiel. Insbesondere Vorhaben, für die wir vorher viel nachdenken müssen, kommen deshalb nie zustande, weil wir sie nicht runterbrechen und in kleinere Häppchen bzw. auf verschiedene Tage aufteilen. Möchte ich mir beispielsweise einen Fahrradanhänger kaufen, der perfekt zu meinen Bedürfnissen passt, und nehme mir nicht genug Zeit für die Recherche, kann das theoretisch einfache Unterfangen von »einen Fahrradanhänger kaufen, um seltener Auto zu fahren« zu einer schwierigen Aufgabe werden, schlicht und einfach, weil wir nach einem Tag voller Entscheidungen einfach entscheidungsunfähig sind. Wenn wir etwas kaufen wollen und zwischen vielen Optionen auswählen müssen, kann es sich lohnen, den Kauf in einen klaren Ablauf zu unterteilen: Recherche, Vergleich, Entscheidung – und uns dann für die jeweiligen Punkte einen gewissen Zeitraum freizuhalten.

Die Umgebung bestimmt das Verhalten: Warum es nicht an uns liegt

Gewünschte Verhaltensweisen zu etablieren findet vermeintlich in unserem Kopf statt. Unser Verhalten wird jedoch maßgeblich von unserer Umgebung bestimmt.[54] Wenn der Autoschlüssel immer bereitliegt, unser Fahrrad aber morgens im Dunkeln mühsam aus dem Fahrradkeller hochgetragen werden muss, fällt die Entscheidung, mit dem Auto zu fahren, mehr als leicht. Egal wie sehr wir eigentlich mit dem Fahrrad fahren wollen (sei der Grund nun das Klima oder unsere Gesundheit): Ohne Vorbereitung unserer Umgebung wird uns eine Verhaltensänderung nicht gelingen, erst recht nicht dauerhaft. Indem du deine Umgebung so veränderst, dass sie auf deine Vorhaben angepasst ist, schaffst du es in vergleichsweise kurzer Zeit und mit verhältnismäßig geringem Aufwand, sie wirklich umzusetzen.

Wenn dich also das schlechte Gewissen plagt, weil du es nicht schaffst, gewisse Vorhaben umzusetzen – es liegt vermutlich nicht an dir und deiner mangelnden Motivation und Willensstärke, denn: Hoch motiviert zu sein reicht leider nicht aus. Doch genau das denken die meisten Menschen. Fogg sagt Folgendes über die Motivation: »Die Motivation ist wie ein feierlustiger Freund, mit dem man um die Häuser ziehen kann, auf den man sich aber lieber nicht verlässt, wenn man jemanden braucht, der einen pünktlich zum Flughafen bringt.«[55] Will heißen: Unsere Motivation ist keine Konstante, sondern äußerst flatterhaft und unzuverlässig.

- Wenn du ein bestimmtes Verhalten fördern willst, schau dir deine Umgebung genau an, und verändere sie so, dass sie dein neues und erwünschtes Verhalten unterstützt. Möchtest du mehr Fahrrad statt Auto fahren, käme der Autoschlüssel in diesem Fall in eine Schublade, das Fahrrad an einen leicht zugänglichen Ort. Falls es draußen steht, ist es idealerweise mit einer Plane abgedeckt, damit es nicht nass wird, mindestens jedoch mit einem Regenschutz für den Sattel. Hat es einen Antrieb, sollte es immer aufgeladen sein, wenn du es brauchst.

Routinen statt Challenges: Und täglich grüßt das Murmeltier

Um langfristig dranzubleiben und unsere Abläufe wirklich zu verbessern und sie ressourceneffizienter zu gestalten, brauchen wir Regeln für unseren Alltag. Sie sollen jeden Tag funktionieren und unser Leben erleichtern und nicht erschweren. Unser Alltag lässt sich nicht innerhalb kürzester Zeit umstellen – erst recht nicht, wenn wir einer Arbeit nachgehen und/oder uns um unsere Kinder und/oder Angehörige kümmern müssen.

Ein wichtiger Baustein eines langfristig klimabewussten Alltags sind Routinen und Regeln, die im täglichen Leben auch wirklich funktionieren. Nach und nach können wir mehr davon etablieren. Bei der Fülle an

Entscheidungen, die wir täglich treffen müssen, hilft es uns sehr, wenn wir gewisse Posten nicht jeden Tag neu verhandeln müssen. Sei es nun das vegane Frühstück als Standard, das einmalige Stück Fleisch pro Woche oder der generelle Ersatz von Kuhmilch durch pflanzliche Milch. Je mehr wir bewusst und gezielt festlegen – nach Faktencheck versteht sich –, desto besser für uns und fürs Klima. Wir sollten trotzdem unsere Routinen immer mal wieder kontrollieren und womöglich nachjustieren.

Die Macht des Jubelns – wie Routinen wirklich entstehen

Die Meinungen dazu, wie man eine neue Gewohnheit am erfolgreichsten als Routine etabliert, variieren. Manche empfehlen eine gewisse Dauer an Tagen, der Psychologe und Verhaltensforscher BJ Fogg jedoch sagt, dass sich Gewohnheiten durch Emotionen schaffen lassen.[56]

Wer Erfolge feiert (auch kleine!), verknüpft das gewünschte Verhalten mit positiven Emotionen und erhöht so die Wahrscheinlichkeit, die neue Gewohnheit auch in Zukunft wieder umzusetzen.

Hast du heute dein Müsli mit Hafermilch gegessen und auf Kuhmilch verzichtet? Bist du heute mit dem Fahrrad zur Arbeit gefahren? Wow! Du bist großartig! Am besten jubelst du direkt im Anschluss laut oder klopfst dir auf die Schulter. Was erst einmal vollkommen übertrieben wirkt, ist wissenschaftlich belegt und funktioniert wirklich. Probiere es doch direkt mal aus!

Suchen wir nach Ratschlägen und Tipps zum Klimaschutz, finden sich immer mehr Artikel und Bücher mit durchnummerierten Listen oder auch einer Nummer an Tagen, innerhalb derer man das eigene Leben auf klimafreundlich umstellen kann. Manch eine:r nutzt vielleicht auch die Fastenzeit, um es mal einen Monat ganz ohne Plastik auszuprobieren, statt auf Alkohol oder Süßigkeiten zu verzichten, viele machen beim Veganuary mit. Doch ändern wir aufgrund von Listen oder Challenges wirklich dauerhaft unser Verhalten?

Wenn wir das Klima schützen wollen, sind meiner Meinung nach Challenges vielleicht ein Einstieg, aber kein dauerhafter Ansatz. Oft ist es so: Kaum ist die Challenge rum, macht sich Erleichterung breit; wir geben das Ganze entweder auf oder sehen es nicht mehr so eng. Viele Tipps bauen auf der Grundlage auf, jeden Tag etwas Neues auszuprobieren bzw. umzusetzen. Auch hier ist der Ansatz gut, doch werden wir so am Ende alle Maßnahmen in unseren Alltag integrieren? Oder nur jeden Tag eine Handvoll? Und sind das dann auch die, die verhältnismäßig viel bringen? Listen und Challenges eignen sich jedoch gut, um in die Thematik einzusteigen und diverse Klimatipps auszuprobieren.

Checklisten nutzen: Wie mentale Stützen unseren Alltag revolutionieren können

Was vorerst trivial und wenig revolutionär klingt, kann in Krankenhäusern und im Cockpit Menschenleben retten, siehe Kasten. Checklisten können uns den Alltag erheblich erleichtern. Bei der Vielzahl an Dingen, über die wir täglich nachdenken müssen, bietet eine Checkliste mit den wichtigsten Aufgaben und Posten eine hilfreiche mentale Stütze. So können wir es beispielsweise vermeiden, dass die Wäsche zu lange in der Waschmaschine bleibt und anfängt zu müffeln, wir können uns daran erinnern lassen, unsere auffüllbare Trinkflasche mitzunehmen oder aber unseren Akku vom E-Bike aufzuladen. Bevor wir das Haus verlassen, erinnert uns ein Blick auf unsere Checkliste daran, die Heizung runterzudrehen oder alle Fenster zu schließen. Was auf den ersten Blick wie eine Kleinigkeit wirkt, die wir nicht zwingend brauchen, kann im Trubel des Alltags helfen, den Kopf frei zu bekommen (Stichwort: kognitive Ermüdung), und uns dabei helfen, unnötige Emissionen zu vermeiden. Insbesondere beim Etablieren von neuen Routinen können Checklisten sehr wirksam sein und uns helfen, dass sich neue Gewohnheiten schneller manifestieren. Außerdem ist das Abhaken oft mit einem Gefühl von Freude verbunden – und wenn wir es dann noch schaffen, unseren Erfolg zu feiern, sind wir unserem Ziel, unser Verhalten langfristig zu verändern, noch einen Schritt näher gekommen.

- Versuche, so viele Aufgaben und Erledigungen wie möglich auf Papier zu bringen. Es spart dir nachweislich Zeit und Energie.
- Gibt es Dinge, die du immer wieder brauchst? Sachen, die immer gleich ablaufen, die du dir aber nicht immer merken kannst? Dann probiere es doch mal mit einer Checkliste.

Eine Patientin vor einer Operation zu verwechseln und den Blinddarm zu entfernen, obwohl sie am Knie hätte operiert werden müssen, klingt haarsträubend, kommt jedoch weltweit immer mal wieder vor. Durch die Verwendung einer Checkliste, die unter anderem vorsieht, alle Patient:innen nach ihren Kerndaten (Name, Geburtsdatum, Grund der Operation) zu fragen, sowie das Operationsbesteck zu zählen, sodass nichts im Körper der Patienten verbleibt, konnte ein Rückgang der Sterblichkeit nach Operationen von 1,5 Prozent auf 0,8 Prozent verzeichnet werden.[57] Auch aus dem Flugverkehr sind Checklisten nicht wegzudenken. Das Durcharbeiten der Checkliste im Cockpit vor dem Start ist hier verpflichtend und verhindert vermeidbare Unglücke.

Alles an einem festen Ort: Warum jeder Gegenstand ein festes Zuhause haben sollte

Wer kennt die Situation nicht: Wir wollen aus dem Haus, doch wo ist der Schlüssel? Eben hatten wir ihn doch noch. Gestresst rennen wir durch die Wohnung und suchen. Bis wir alles zusammenhaben, sind wir so spät dran, dass wir die Bahn verpasst haben und doch das Auto nehmen müssen.

Auch wenn es trivial klingt: Leider ist es nicht selbstverständlich, dass wir alle Dinge, die wir täglich brauchen, parat haben. Pro Jahr verbringen wir im Durchschnitt etwa 15 Tage mit der Suche nach verlegten Gegenständen, bis an unser Lebensende werden wir ganze 2,5 Jahre nur mit Suchen verbracht haben.[58] Um das zu vermeiden bzw. die Zeit, die wir mit Suchen verbringen, deutlich zu verkürzen, sollten wir für alle Gegenstände einen festen Ort haben. Am einfachsten und am wirkungsvollsten ist es, wenn wir die Dinge unmittelbar nach der Benutzung an ihren Platz zurücklegen.

Besonders im Kühlschrank lohnen sich eine feste Einteilung und feste Orte für gewisse Lebensmittel. Das führt zum einen dazu, dass alles bei der jeweils optimalen Temperatur gelagert ist und länger hält, und zum anderen, dass keine Lebensmittel mehr in den Tiefen des Kühlschranks verschwinden und erst irgendwann weit nach Überschreitung des Haltbarkeitsdatums wieder auftauchen. So können wir unseren Teil dazu beitragen, dass weniger Lebensmittel verschwendet werden. Außerdem verbraucht der Kühlschrank vor allem dann Strom, wenn die Tür länger geöffnet bleibt.

Wir waren kurz davor, uns einen größeren Kühlschrank zu kaufen. Stattdessen haben wir dann einen weiteren Einsatzboden gekauft und so Stauraum gewonnen. Außerdem sortieren wir alles Obst, Gemüse und sonstige Kleinteile wie Butter und Aufstrich in durchsichtige Plastikboxen. Essensreste zum Mitnehmen kommen in auslaufsichere Plastikboxen, Essensreste für zu Hause in Glasbehälter.

Der richtige Zeitpunkt: Sofort und später

Der richtige Zeitpunkt und auch die richtigen Abstände zwischen einzelnen Aktivitäten können wie kleine Wunder wirken. Es gibt Dinge, die generell zügig erledigt werden sollten. Sei es, das ausgediente Smartphone zu verkaufen (in fünf Jahren ist die Technik so veraltet, dass sie niemand mehr will; wobei man im Idealfall natürlich das Handy benutzt, bis es auseinanderfällt), den Tisch abzuwischen (in fünf Stunden ist der Joghurt durchgetrocknet, und man braucht mehr Kraft und mehr Reiniger), schwierige Flecken auszuwaschen (zumindest einzuweichen, später braucht es mehr Waschmittel und eine höhere Temperatur), die Rechnung endlich zu bezahlen (sonst drohen Mahngebühren, zusätzlicher Aufwand und Materialverbrauch durch Mahnbriefe) usw.

Bei Aktivitäten mit hohen Emissionen können wir hingegen sehr viel bewirken, indem wir die Zeitabstände vergrößern. Das ist insbesondere dann sinnvoll, wenn ein kompletter Verzicht keine Option für uns darstellt. So können wir unsere Emissionen durch Fernreisen um etwa 66 Prozent senken, wenn wir nicht mehr einmal im Jahr fliegen, sondern alle drei Jahre. Und wenn wir nur noch jede zweite Woche ein Steak essen statt jede Woche, bewirken wir durch diese Einschränkung unseres Konsums eine Reduktion um 50 Prozent. Wir können also schrittweise vorgehen. Fliegen wir nur noch alle zehn Jahre 3.000 km mit dem Flugzeug, macht das, aufs Jahr gerechnet, nur noch 0,1 Tonnen an Emissionen aus.[59]

6

ENTSCHEIDUNGEN MIT KETTENREAKTION

Während die Wirkung unserer Verhaltensänderung auf den Klimaschutz bei den bisherigen Maßnahmen proportional zum Aufwand sehr hoch war, verschiebt sich das Verhältnis, sobald wir Einzelentscheidungen treffen. Damit sich dieser Aufwand lohnt, knöpfen wir uns zunächst Entscheidungen mit Kettenreaktion vor. Denn wenn wir schon »verzichten«, dann an der richtigen Stelle.

Entscheidungen in einigen Bereichen führen zu einer Hebelwirkung, welche eine oder mehrere Kettenreaktionen auslöst. Stelle ich mir die Frage, ob ich heute das Auto benutze, hat diese Entscheidung lediglich einen Effekt auf dieses eine Ereignis. Stelle ich mir hingegen die Frage, ob ich in eine größere Wohnung ziehen soll, beeinflusst diese Entscheidung mein zukünftiges Konsumverhalten und meinen Gas- bzw. Energieverbrauch. Welche Entscheidungen können durch Kettenreaktionen zu einer spürbaren Reduktion unserer Emissionen führen, da unser Verhalten weitere Einsparungen in anderen Bereichen bewirkt? Welche Maßnahmen sind proportional zum Aufwand sehr effektiv und klimaschonend und bringen auf anderen Ebenen noch mehr Steine ins Rollen?

Klüger konsumieren – auf weniger Fläche wohnen: Warum weniger wirklich mehr ist

Wer einen Blick auf die durchschnittlichen Gesamtemissionen pro Kopf pro Jahr wirft (siehe Abbildung 2, Seite 16), sieht: Unser Konsum landet mit einem Anteil von etwa 15 Prozent auf dem vierten Platz, unser Wohnverhalten mit 19 Prozent auf dem zweiten Platz. Macht zusammen 34 Prozent, für die unser Wohnverhalten inklusive unserer Besitztümer verantwortlich ist. Grob zusammengefasst, kann man sagen: Je weniger Wohnfläche wir in Anspruch nehmen und je besser diese gedämmt ist, desto klimafreundlicher leben wir. Dabei spielt die Dämmung beim Verbrauch von Heizenergie eine wesentlich größere Rolle als die Heizungsanlage selbst; wenn wenig Wärme verloren geht, muss weniger nachgeliefert werden.[60]

> Etwa die Hälfte der Deutschen wohnt zur Miete und kann demnach wenig an der Dämmung oder der Heizanlage verändern. Die einzigen niederschwelligen Möglichkeiten, die Mieter:innen bleiben, sind, das Heizverhalten anzupassen und zu versuchen, mit weniger Wohnfläche auszukommen.

Wenn wir »nicht auf kleinem Fuß leben«, gehören sowohl unser Besitz als auch unser Konsumverhalten zu den Stellschrauben, an denen wir relativ einfach drehen können, die große Effekte erzielen und die sich gleich in mehrfacher Hinsicht auswirken. Auch wenn es nicht auf einzelne Käufe ankommt – mit dem Konsum neuer Schuhe und Kleidung kommen wir auf etwa 0,4 Tonnen CO_2-Emissionen im Jahr[61] –, irgendwann summiert es sich: Eine durchschnittliche Europäerin besitzt etwa 10.000 Dinge, der durchschnittliche Amerikaner sogar 30.000. Um diese Gegenstände, ob nun groß oder klein, neu oder alt, nützlich oder vollkommen unnötig, zu lagern, wird meist ganz klassisch der Keller oder der Dachboden genutzt, falls vorhanden, auch gerne die Garage. Wer über nichts dergleichen verfügt oder wem der vorhandene Stauraum nicht ausreicht, kann sich auch sogenannten Storage Space oder eine Garage mieten.

- Je mehr wir konsumieren und schließlich besitzen, desto größer müssen unsere Wohnungen und Häuser sein und desto mehr CO_2 verursachen wir.

Arbeitszeit reduzieren: Zeit, Geld und Ressourcen sparen auf einen Streich

Vollzeitbeschäftigte Deutsche arbeiteten im Jahr 2019 im Schnitt 41 Stunden pro Woche,[62] laut einer australischen Studie sind das 2 Stunden mehr, als eigentlich gesund für uns wäre.[63] Wer zusätzlich unbezahlte Care-Arbeit leistet (das sind in der Regel vorrangig Frauen), sollte den Wissenschaftler:innen zufolge maximal 34 Stunden arbeiten.

Wenn wir nun bedenken, dass wir tendenziell mehr arbeiten, als gesund für uns ist, stellt sich die nächste Frage: Weshalb arbeiten wir dann so viel?

Dieses Kapitel sowie vieles anderes in diesem Buch richtet sich explizit an jene, die sich eine Reduktion der Arbeitszeit leisten können. Leider gibt es sehr viele Familien, die sich trotz Vollzeitjobs kaum über Wasser halten können. Es ist also ein Luxus, sich diese Fragen stellen zu können. Und es ist ungerecht, dass Menschen mit »Luxusproblemen« überproportional zur Klimakrise beitragen.

Einmal weil gewöhnliche Vollzeitverträge, Ansprüche der Arbeitgeber und gesellschaftlich vorgelebte Standards solche Arbeitszeiten verlangen, vor allem aber, um all unsere Kosten decken zu können. Denn wer ein Haus mit Garten kaufen möchte (zu aktuell astronomischen Preisen), sich ab und zu einen ausgiebigen Urlaub gönnen möchte, wer »mithalten« möchte mit dem, was Werbung, Instagram und Co. uns vormachen, und wer zudem ein Auto braucht, um zur Arbeit zu fahren, muss das schließlich irgendwie bezahlen können.

Wenn wir vor einer größeren Anschaffung stehen und uns fragen, ob wir uns das leisten können, sollten wir uns nicht nur über die konkrete Summe Gedanken machen, sondern auch darüber, wie viel Lebenszeit uns diese Anschaffung letztlich kostet. Wer 1.945 Euro netto im Monat verdient (deutscher Durchschnitt im Jahr 2018), muss 13 Minuten für einen Cappuccino arbeiten, einen Monat für einen Fernseher für 2.000 Euro und 26 Jahre für ein Haus, das 600.000 Euro kostet.[64] Und in diese Zeiten ist noch nicht einberechnet, dass der größte Teil unseres Gehalts für laufende Kosten draufgeht wie Miete, Essen, Benzin, Krankenversicherung usw. Angenommen, wir haben rund 25 Prozent unseres Monatsgehalts zur freien Verfügung, dann vervierfachen sich alle oben genannten Zeiten: macht dann knapp eine Stunde Arbeit für den Cappuccino, vier Monate für den Fernseher und über 100 Jahre für das Haus.

Was ist uns unsere Zeit also wert? Wollen wir unsere Zeit mit Arbeiten verbringen, um uns Dinge leisten zu können, die wir unter Umständen gar nicht so sehr genießen können, weil wir gestresst von der vielen Arbeit sind? (Womöglich sterben wir wegen gesundheitlicher Probleme sogar früher und hatten wenig bis nichts von den Früchten unserer Arbeit.) Oder wollen wir lieber mehr Zeit für uns selbst und unsere Familie nutzen? (Sofern wir uns das finanziell leisten können.)

Die Höhe unseres Einkommens hängt direkt mit unseren Emissionen zusammen, denn: Wer mehr Geld zur Verfügung hat, fliegt in der Regel häufiger, wohnt großzügiger, konsumiert mehr und belastet dadurch das Klima stärker.[65, 66] Wissenschaftler:innen aus der Schweiz[67] sprechen sich daher für eine Neugestaltung der Arbeitswelt aus und sehen die Reduzierung der wöchentlichen Arbeitszeit als zentrales Instrument, um den Ressourcenverbrauch zu senken und somit das Klima zu schützen. Sie argumentieren des Weiteren, dass eine Reduzierung der Arbeitszeit zu einer niedrigeren Arbeitslosenquote führen würde und dabei helfen könnte, unser Wirtschaftssystem weg von Wachstum hin zu einem ökologisch vertretbaren System zu reformieren.

Für viele ist die Rente ein weiteres Argument zum Vollzeitarbeiten. Dem Neurowissenschaftler Daniel Levitin zufolge ist unser derzeitiges Arbeits- und Rentenmodell jedoch nicht sinnvoll, wenn wir ein möglichst glückliches Leben führen wollen.[68] Laut Levitin könnten wir um einiges glücklicher sein, wenn wir niemals komplett aufhören zu arbeiten, sondern immer eine sinnvolle und uns mit Sinn erfüllende Aufgabe haben. Statt uns also heute bei der Arbeit zu verausgaben, dadurch im Überfluss zu leben und uns dann während der Rente zu langweilen, könnten wir durch eine Arbeitszeitreduzierung sowohl das Klima entlasten als auch langfristig glücklicher werden.

In gewisser Weise stellt die Arbeitszeitreduzierung einen Schlüssel dar: zu mehr Glück und mehr Klimaschutz zugleich. Eine Arbeitszeitreduzierung kann das Klima durch weniger Konsum und weniger Pendeln massiv entlasten und uns darüber hinaus auch noch glücklicher machen. Das schreit doch förmlich nach einer Neugestaltung unserer Lebenswelt. Vielleicht kommen wir ja zu dem Schluss, dass wir unser hohes Arbeitspensum und Konsumniveau nicht halten wollen, da wir den Lebensstandard, den wir uns damit leisten können, gar nicht in vollem Umfang genießen können. Wenn wir damit glücklicher werden und nebenbei noch aktiven Klimaschutz betreiben – worauf warten wir dann noch?

- Die durchschnittliche Arbeitszeit und damit das Einkommen hängen unmittelbar mit den Emissionen zusammen. Wer mehr verdient, emittiert (im Durchschnitt) mehr.
- Eine Umstrukturierung des Arbeitsmarktes und eine generelle Verkürzung der durchschnittlichen Arbeitszeit könnten sowohl die Pro-Kopf-

Emissionen deutlich reduzieren als auch das Wirtschaftssystem weg von Wachstum orientieren, hin zu einem ökologisch vertretbaren System.

Kindererziehung: Die Kinder von heute sind die Klimaretter:innen von morgen

Wer Kinder hat, kann über viele gängige Klimaschutztipps nur lachen. Entweder weil die Zeit fehlt, die Wäscheberge aufzuhängen, statt sie von der Maschine trocknen zu lassen, wenn gerade ein Magen-Darm-Infekt durchschlägt, oder aber weil die Kinder oft so ganz andere Vorstellungen haben als wir. Auf viele Umstände haben wir als Eltern zudem keinen Einfluss. Kinderbetreuungsplätze sind vielerorts in Deutschland sehr knapp. Viele Eltern finden keinen Kindergartenplatz in der Nähe und sind auf das Auto angewiesen. Zu erwarten, dass sie den Weg jeden Tag mit Fahrrad und Anhänger bestreiten, um danach weiter mit dem Fahrrad zur Arbeit zu fahren, ist utopisch.

Es ist fast schon ungerecht, was manchen Eltern in der Rushhour ihres Lebens abverlangt wird, Stichwort: Vereinbarkeit von Familie und Beruf. Hier braucht es dringend mehr dezentrale Betreuungsplätze und insgesamt mehr Unterstützungsangebote: Morgens unter Stress erst zwei Kinder in die jeweilige Betreuung zu bringen, dann selbst zur Arbeit zu fahren und auf dem Rückweg das Ganze zu wiederholen ist weder glücksfördernd noch klimafreundlich.

Je kleiner die Kinder sind, desto mehr können wir bestimmen. Je größer sie werden, desto stärker schwindet unser Einfluss auf sie, doch desto besser können wir ihnen die Klimakrise und ihre Folgen erklären. Wie so oft: Mit Druck und Zwang funktioniert es nicht. Versuche, deine Kinder einzubinden. Sprich über die Veränderungen, die du planst, und lass sie mitentscheiden. Für Kinder ist es nicht einfach, wenn sie immer andere Spielsachen oder Kleidung bekommen als ihre Freund:innen und sie das Gefühl haben, dass ihnen etwas vorenthalten wird. (Ganz konkret: Irgendwann haben die meisten keine Lust mehr, Teil der »Fraktion Dinkelkeks«

zu sein, sondern wollen einen Paw Patrol Rucksack und einen Frozen Schlafanzug – und leider nicht den in Deutschland gefertigten Rucksack aus Ökoleder oder den Schlafanzug aus natürlich gefärbter Biobaumwolle.) Versuche, Kompromisse zu finden. Vielleicht findest du genau diesen Rucksack ja gebraucht. Oder ihr einigt euch auf einen Deal: Wer häufiger neue Klamotten möchte, muss im Gegenzug die Salami gegen veganen Aufstrich eintauschen. Wenn Kinder merken, dass sie in Entscheidungsprozesse eingebunden werden, sind sie viel aufgeschlossener gegenüber Veränderungen. Und wie wir an der Fridays for Future-Bewegung sehen, können Kinder uns zum Teil weit voraus sein.

Je nachdem, wie deine Pläne aussehen und auch wie viel Platz ihr habt, könnte die mögliche Aussicht auf eigene Kaninchen oder Meerschweinchen (idealerweise in artgerechter Außenhaltung) den Umstieg auf eine vorwiegend pflanzliche Ernährung oder Verzichte an anderer Stelle leichter machen, denn Kleintierhaltung ist mit weniger als 0,1 Tonnen pro Jahr kaum klimarelevant.[69] Die Kinder lernen, Tiere als Lebewesen mit Bedürfnissen zu betrachten statt als Nahrungsmittel, und außerdem: Welches Kind freut sich nicht über eigene Haustiere?

Wenn wir also rein nach den Emissionen entscheiden, was wir unseren Kindern kaufen und was nicht, können wir eigentlich aufatmen und uns entspannen. (Außer natürlich wir kaufen so viele Sachen, dass wir stauraumbedingt in eine größere Wohnung umziehen müssen, dann wirkt es sich sehr wohl aus.)

So können wir es mit wenig Druck, ein bisschen Kreativität und viel Spaß schaffen, unsere Kinder schon früh für Natur- und Klimaschutz zu begeistern. Durch einige Maßnahmen heute wächst so die klimabewusste Generation von morgen heran.

- Erstelle anhand der Fakten, die du kennst, Rahmenbedingungen für deine Familie. Demnach fällt ein Plastikspielzeug nicht ins Gewicht, auch nicht die eine konventionelle Markenjeans – dahingegen aber das tägliche Pausenbrot mit Salami.

Veränderung beginnt im Kleinen und wirkt im Großen: Wie wir Veränderungen angehen, ohne uns zu verzetteln

Wenn wir bedenken, dass wir mit jedem noch so klimabewussten Lebensstil Spuren in der Atmosphäre zurücklassen, scheint es wie Erbsenzählerei zu überlegen, ob wir heute ausnahmsweise das Auto nehmen oder ob wir uns mal etwas Kuhmilch statt Hafermilch gönnen. (Als ich einmal überlegte, ob ich wirklich neue Bilderrahmen kaufen oder die Bilder lieber nur mit Klebeband aufhängen sollte, fühlte sich das sogar nach Sandkornzählerei an.) Auf unsere Gesamtbilanz bezogen, wirken sich diese Einzelentscheidungen nicht aus. Dennoch kann es hilfreich sein, sich auch mit kleinen Entscheidungen zu befassen. Durch die Vielzahl an kleinen Entscheidungen haben wir tagtäglich die Möglichkeit auszuprobieren, welche Maßnahmen für uns funktionieren und welche nicht. Und wir erkennen dadurch unsere Entscheidungsmuster, lernen, sie zu hinterfragen und Alternativen zu finden.

Was wir im Kleinen oft bemerken werden: die Ohnmacht, die man verspürt, wenn man sich zu sehr auf Kleinigkeiten konzentriert. Daher ist die wichtigste Lektion, die wir durch Entscheidungen mit minimaler Wirkung lernen können, das Loslassen. Wir werden es nicht schaffen, komplett plastikfrei zu leben. Wir können nicht jeden Tag und zu jeder Sekunde alles geben. Wir werden weiterhin viele Fehler machen. Wir werden auch in Zukunft manchmal oder auch oft das Auto brauchen. Vielleicht werden wir auch nicht komplett auf Flugreisen verzichten. Was wir machen können, ist, jeden Tag unser Bestes zu geben und uns auf die wirkungsvollsten Dinge zu konzentrieren – und uns nicht von etwas Verpackungsmüll (oder in meinem Fall von ein paar Bilderrahmen) aus der Bahn werfen zu lassen.

Engagement: Warum eben doch jede:r Einzelne:r zählt

Wir haben durch unser Verhalten Einfluss auf unsere unmittelbare Umgebung und innerhalb unserer Familie. Unser Einkaufsverhalten wirkt sich auf die Angebote aus, Einkaufszettel sind ein bisschen wie Stimmzettel.

Trotzdem überschätzen wir oft den Einfluss unseres direkten persönlichen Beitrags.

Geht es jedoch um politisches Engagement, unterschätzen wir unseren persönlichen Einfluss meist. Viele werden sich fragen, was sie als Einzelperson schon anrichten können. Doch wer hätte 2018 gedacht, dass ein 15-jähriges Mädchen mit einem Pappschild eine weltweite Protestwelle und Bewegung in Gang setzen würde?

Foto: AdobeStock, Animaflora PicsStock

Abbildung 9
Aus einer einzelnen streikenden Schülerin wurden innerhalb von einem Jahr über eine Million Demonstrierende, die weltweit an einem Freitag für das Klima auf die Straße gingen.

Manchmal reicht es auch schon, auf Menschen mit Entscheidungsgewalt zuzugehen und gewisse Änderungen anzuregen. Bei der Arbeit kann man auf klimafreundliches Druckerpapier hinweisen, bei der Kommune erfragen, ob in der eigenen Straße Bäume gepflanzt werden könnten, oder sich im Wohnort für eine Umwandlung von Tempo-50- auf Tempo-30-Zonen einsetzen. Je mehr man dabei mit anderen Gleichgesinnten zusammenarbeitet, desto mehr Spaß macht es und umso mehr kann man bewirken. Auch beruflich kann man sich aktiv für den Klimaschutz einsetzen. Cateringfirmen können vermehrt vegetarische oder vegane Speisen anbieten; (ich kenne ein Beispiel für einen Kiosk am Badesee, der sein Sortiment auf vegan umgestellt hat, obwohl dort früher viele Brat- und Currywürste verkauft wurden – und es funktioniert), Anwält:innen können die Interessen von Umwelt- oder Klimaschutzverbänden vertreten. Hast du schon einmal darüber nachgedacht, was du gerne machen würdest?

- Bei allen Maßnahmen gilt: Selbst wenn die CO_2-Einsparung zu Beginn marginal wirkt – solange wir dabei Spaß haben und andere dazu inspirieren, es uns gleichzutun, können wir langfristig wirklich etwas bewirken. Ich selbst bin zwar kein großer Fan von Haushalts-DIYs – für andere hingegen ist es genau das Richtige und erfüllt sie.

7

EINZELENTSCHEIDUNGEN: WARUM WIR SIE, SO GUT ES GEHT, VERMEIDEN SOLLTEN

Einzelentscheidungen kosten Kraft und überproportional viel Aufwand. Treffen wir so wenige Einzelentscheidungen wie möglich, ist es am einfachsten für uns und am besten fürs Klima. Das geht, indem du dich in deinem Alltag an Regeln und Routinen hältst, die du dir erarbeitet hast.

Wer viele Einzelentscheidungen in Routinen umwandelt, spart wertvolle Willenskraft und Lebenszeit und kann sich stressfreier und bewusster entscheiden.

Nach wissenschaftlichen Erkenntnissen steht fest: Je weniger Einzelentscheidungen wir treffen müssen, desto besser. Kleinere und alltägliche Entscheidungen wirken sich (einzeln betrachtet) oftmals stärker auf unser Gemüt als auf das Klima aus. Die Gefahr, dass wir unnötig viel Zeit, Muße und Willenskraft vergeuden, und zwar für eine verhältnismäßig sehr geringe Klimawirkung, ist hoch. Bei diesen Entscheidungen geht es also weniger um die Entscheidung selbst, sondern eher darum, wie wir diese Entscheidung treffen. Um uns nicht zu lange mit Kleinigkeiten zu befassen, sollten wir die Denkfehler aus dem ersten Kapitel und die Relationen im Hinterkopf behalten.

Weniger alltägliche Entscheidungen wiederum haben meist eine größere Klimawirkung, hier spielt die Entscheidung selbst eine größere Rolle. Um zu gewährleisten, dass wir solche Entscheidungen klug treffen, ist es wichtig, die kognitive Ermüdung im Blick zu haben. Sprich: Es ist wichtig, darauf zu achten, dass wir genug Energie für Entscheidungen haben, deren Auswirkungen wirklich ins Gewicht fallen, statt uns zu intensiv mit Kleinigkeiten zu beschäftigen.

- Behalte bei wichtigen Einzelentscheidungen die kognitive Ermüdung im Blick und versuche sie gut ausgeruht und gut gesättigt zu treffen.

8

KAUFEN ODER NICHT KAUFEN, DAS IST HIER DIE GLÜCKS-FRAGE

Wofür machen wir das eigentlich? Wir fliegen in den Urlaub, wir kaufen uns die neue Kaffeemaschine, wir ziehen in ein Haus mit Garten, wir kaufen uns das neue Smartphone – um glücklicher zu werden. Alle Entscheidungen, die wir treffen, so auch unsere Kaufentscheidungen, zielen darauf ab, dass wir über kurz oder lang glücklich sind. Es gibt viele Untersuchungen dazu, was wir brauchen und tun können, um wirklich glücklich zu sein. Wie passt das zusammen mit dem Klimaschutz?

Ein wichtiger Punkt ganz am Anfang: Genau wie das Vermeiden von emissionsstarken Aktivitäten zu mehr Klimaschutz beiträgt (siehe Seite 44), führt auch das Vermeiden von Unglück zu mehr Glück. Wenn wir es beispielsweise schaffen, auf langes Pendeln zu verzichten, und wenig Lärm ausgesetzt sind, steigen unsere Chancen, glücklich zu sein. Doch was macht glücklich? Auf dem Sofa zu lümmeln? Computer zu spielen? Bier zu trinken?

Freizeit, Arbeit, Geld? Was uns wirklich glücklich macht

Studien zufolge sind wir am glücklichsten, wenn wir Zeit mit Freund:innen verbringen oder wenn wir unsere Freizeit aktiv gestalten, zum Beispiel mit Spielen oder Sport. Passiv gestaltete Freizeit, wie Fernsehen oder Musikhören, macht uns hingegen weniger glücklich.[70] Laut einer groß angelegten amerikanischen Studie mit über 35.000 berufstätigen Teilnehmer:innen trägt jede Minute vollkommen freie Zeit (also Zeit, während der wir keine Verpflichtungen haben) bis zu etwa 3,5 Stunden signifikant zu einem höheren Glücksniveau bei.[71] Alles darüber hinaus trägt nicht mehr maßgeblich zu mehr Glück bei – mit 3,5 Stunden haben wir also eine Art Grenznutzen erreicht. Bei »zu viel Freizeit« wurde sogar ein Rückgang des Glücksniveaus festgestellt. Die Wissenschaftler:innen vermuten, dass den Teilnehmer:innen mit »zu viel Freizeit« ein konkreter Sinn und eine Aufgabe fehlten und sie sich dadurch unzufriedener fühlten. Wollen wir unsere finanziellen und zeitlichen Ressourcen effizient nutzen, sollten wir Zeit, die uns über die 3,5 Stunden hinaus zur Verfügung steht, idealerweise produktiv nutzen.

Eigentlich könnte man vermuten, dass ausgiebiges Entspannen und Nichtstun uns am glücklichsten machen. Schließlich fiebern wir dem mehrwöchigen Urlaub entgegen, um es uns so richtig gut gehen zu lassen. Koste es, was es wolle – sowohl Geld als auch Emissionen. Bis es so weit ist, legen wir nach der Arbeit die Füße hoch, um mal so richtig abzuschalten. Schlussendlich bedeutet das, dass wir Emissionen für Tätigkeiten verursachen, die uns gar nicht glücklicher und in manchen Fällen sogar unglücklicher machen. Wir fliegen in den Urlaub, um faul am Strand zu liegen, und am Ende macht uns das gar nicht glücklicher? Wir fahren mit dem Auto zur Arbeit, obwohl uns die körperliche Betätigung des Fahrradfahrens glücklicher machen würde, auch wenn es länger dauert?

Mit diesem Wissen könnten wir künftig unseren Alltag und viele Entscheidungen deutlich klimaschonender gestalten, ohne etwas von unserer Zufriedenheit zu opfern, im Gegenteil. Der Umstieg wird vermutlich schwerfallen, schließlich wurde uns von klein auf beigebracht, dass ein Urlaub nur dann toll ist, wenn er möglichst lang ist und möglichst weit weg stattfindet, dass es erstrebenswert ist, gar nichts zu tun, und dass Konsum glücklich macht. Womöglich ist die 30-minütige Fahrt mit dem Fahrrad also gar nicht zu anstrengend, sondern ein aktiver und positiver Ausgleich. Und wenn Fernsehen nicht wirklich glücklicher macht, brauchen wir dann wirklich regelmäßig das neueste Gerät, oder können wir unser Geld für etwas nutzen, das unser Glück eher fördert? James Wallman geht noch einen Schritt weiter und schreibt in seinem Buch *Time and How to Spend It*, dass es nicht darauf ankommt, *was* wir tun, sondern darauf, *wie* wir es tun.[72] Unsere Freizeit- oder Urlaubsgestaltung müssen also gar nicht aufwendig oder kompliziert sein oder gar mit vielen Emissionen verbunden. Wenn wir dafür sorgen, dass wir bei einer Aktivität fröhlich und zufrieden sind, rückt die Aktivität selbst in den Hintergrund.

Wie oft haben mein Mann und ich uns bei eigentlich erstrebenswerten, teuren und besonders emissionslastigen Unternehmungen gewünscht, wir wären einfach zu Hause geblieben oder hätten etwas anderes, Einfacheres gemacht. Der Spielplatzbesuch am Sonntag, fünf Gehminuten von zu Hause, mit einer Thermoskanne Kaffee und etwas zu knabbern für alle hat sich für uns als eine der Aktivitäten mit dem größten Glücksfaktor herauskristallisiert.

Kleinkinder sind übrigens am glücklichsten, wenn ihnen vorgelesen wird oder sie Geschichten erzählt bekommen. Direkt danach folgt, für viele vielleicht überraschend, das gemeinsame Einkaufen. So sind Kinder besonders glücklich, wenn sie uns bei alltäglichen Aufgaben wie einkaufen, Wäsche aufhängen, kochen etc. helfen dürfen. Für Kinder sind also das Erleben und die Teilhabe am Leben Erwachsener entscheidender für ihr Glück als Besitz.[73]

- Bis zu 3,5 Stunden vollkommen freie Zeit am Tag machen uns am glücklichsten.
- Am glücklichsten sind wir, wenn wir diese Freizeit mit sozialen Kontakten oder aktiv verbringen.
- Kleinkinder sind am glücklichsten, wenn wir ihnen vorlesen und sie an unserem Alltag teilhaben lassen wie einkaufen, kochen etc.
- Wenn wir bedenken, dass passive Aktivitäten wenig zum persönlichen Glück beitragen, könnten wir zukünftig andere Maßstäbe setzen, was unsere Alltagsgestaltung angeht, und noch mal überdenken, wie für uns eine optimale Freizeitgestaltung aussieht.
- Indem wir aktive Tätigkeiten, die gleichzeitig das Klima entlasten und uns bares Geld sparen, in unseren Alltag integrieren (z.B. gärtnern, Reparatur von Möbeln oder Ähnliches), betreiben wir sowohl Klima- als auch Gesundheitsschutz und fördern unser Glücksniveau. Körperliche Aktivitäten können im Homeoffice als produktive Pause während des Arbeitens genutzt werden, um den Kopf frei zu bekommen.

Einfach schön? Wie die Macht der Bilder unser Wohn- und Konsumverhalten beeinflusst

Wer sich mit Literatur zum Thema Nachhaltigkeit beschäftigt, kommt oft aus dem Staunen nicht heraus. Abgebildet werden Ansammlungen schöner Menschen in schönen Häusern und Gärten, umgeben von ausschließlich schönen und nachhaltigen Dingen. Kein Plastik weit und breit. Keine grellen Verpackungen.

So wie bei unserer fiktiven Familie Bender. Sie lebt auf dem Land, und alles um sie herum wirkt unglaublich idyllisch. Großes altes Bauernhaus, riesengroßer Garten mit Gemüsebeeten und Obstbäumen. Verwunschen, romantisch, wunderschön. Das Haus ist von innen vollständig mit Naturmaterialien verkleidet. Was nicht zu sehen ist: die beiden großen Autos in der Garage, die notwendig sind, um auf dem Land von A nach B zu kommen und Besorgungen zu machen. Was uns auch verborgen bleibt, ist die

Ineffizienz des Gemüsegartens: Wer sich auskennt, könnte deutlich mehr auf dieser großen Fläche anbauen. So bleibt der Garten einfach wild und verwunschen (was prinzipiell nichts Falsches ist). Der Großteil des Obstes und Gemüses wird weiterhin per Auto eingekauft. Und zu guter Letzt: Die Energiebilanz des Hauses lässt zu wünschen übrig, denn das denkmalgeschützte Haus hat aufgrund mangelnder Dämmung eine unterirdische Energieklasse.

Foto: AdobeStock, Ingo Bartussek

Abbildung 10
Am besten lässt man sich von solchen romantischen und naturnahen Bildern nicht täuschen. Um sich so einen großen Garten leisten zu können, muss man meistens auf dem Land wohnen, wo man für jede Kleinigkeit das Auto braucht.

Die fiktive Familie Yilmaz hingegen wohnt mit ihren Kindern mitten in der Stadt, in einer 100 Quadratmeter großen Wohnung in einem mehrstöckigen Haus. Manche würden es als uninspirierenden Neubau ohne Charme bezeichnen. Sehr futuristisch anmutend. Kein Garten, lediglich ein Nordbalkon. Gemüse anbauen funktioniert dort nicht, höchstens etwas Efeu und Immergrün wachsen auf den wenigen Quadratmetern. Die Wohnung ist nicht gerade modern ausgestattet, aber es ist gemütlich.

Die Küche hat die Familie aus Geld- und Zeitmangel beim Einzug übernommen, die Spielsachen der Kinder sind vom Flohmarkt, etliches ist aus Plastik. Die Familie erledigt alle Einkäufe zu Fuß oder mit dem Fahrrad. Zum Spazieren gehen sie in den nahe gelegenen Park. Viele Lebensmittel kaufen sie im Biomarkt, der nur fünf Gehminuten entfernt ist. Ein Auto besitzen sie nicht, mitten in Berlin findet man eh nie einen Parkplatz. Glück haben sie bei den Heizkosten: Sie sind sehr gering, denn das Haus ist gedämmt, und ihre Wohnung liegt zwischen anderen Wohnungen.

Angenommen, beide Familien würden Bilder aus ihrem Alltag posten. Welcher Lebensstil erschiene auf den ersten Blick umweltfreundlicher? Vermutlich der von Familie Bender. Obwohl der andere in Wahrheit bei Weitem der klimafreundlichere ist.

Zudem: Menschen, deren Wohnungen ausschließlich mit Naturmaterialien ausgestattet sind, haben bestimmt nicht schon immer so gewohnt. Was uns auf den Bildern mit den Edelstahlbrotdosen, Einkaufsnetzen, gusseisernen Töpfen und selbst getöpfertem Geschirr verborgen bleibt: die alten Ikea-Geschirrserien, Plastikdosen und Töpfe mit Plastikgriffen, die seit der Umstellung auf einen »nachhaltigeren« Lebensstil entweder in den Müll oder in einen Secondhandladen gewandert sind oder in Kisten im Keller stehen.

- Lass dich also nicht von Bildern täuschen, die viele dazu bringen, ebenfalls einen »naturnahen« – besser: einen romantisierten – Lebensstil anzustreben. Er ist hübsch, aber nicht unbedingt gut für das Klima.

Reingelegt? Warum wir es trotzdem haben wollen

Egal um welche Konsumgüter es geht, Fotograf:innen, Marketingexpert:innen und Texter:innen werden dafür bezahlt, dass wir auf die Bilder und Werbebeschreibungen der Artikel anspringen, Influencer:innen tragen die Markenbotschaften direkt zu ihren unzähligen Followern. Alles ist darauf ausgelegt, dass es sich zum Schluss so anfühlt, als sei das Produkt der Schlüssel zu unserem Glück. Dagegen hilft, sich immer wieder die Maschinerie, die dafür betrieben wird, bewusst zu machen. Sobald wir merken, dass wir auf Werbung reagieren, können wir innehalten und uns fragen: Welche Gefühle löst dieses Bild aus? Haben sie wirklich etwas mit dem Produkt selbst zu tun? Oder mit einem anderen Bedürfnis? Wie können wir es schaffen, unsere Bedürfnisse möglichst klimafreundlich und vor allem auch langfristig zu stillen?

Foto: AdobeStock, blackCAT

Abbildung 11
Diese beiden Frauen strahlen bestimmt nicht so, weil sie sich hübsche und nachhaltige Coffee-to-go-Becher gekauft haben …

Ein Beispiel: Ein Katalog mit wunderschönen Möbeln und Accessoires, alle Bilder wirken lichtdurchflutet und klar. Erster Reflex: Auch wir brauchen so eine Einrichtung, zumindest aber die Kissen und Vasen in neuen Farben und Formen. Beim genaueren Hinsehen und Hinspüren fällt uns auf, dass die gezeigten Räume bis ins kleinste Detail inszeniert sind. Nicht die Produkte gefallen uns so sehr, sondern die Produkte innerhalb der Inszenierung, manchmal auch nur die Inszenierung selbst. Wenn wir eigentlich vor allem die Weite im Raum bewundern und die Helligkeit – weil wir nicht mit einer lichtdurchfluteten Wohnung gesegnet sind –, dann könnten wir durch eine bessere Beleuchtung Abhilfe schaffen. Oder wir könnten, statt die minimalistische Einrichtung zu kaufen, häufiger aufräumen.

Buchtipp: *Innendesign: Ein Handbuch für alle, die ihr Zuhause lieben* von Frida Ramstedt. Die Autorin beschreibt sehr anschaulich die Grundprinzipien des Gestaltens und wie wir uns ein Zuhause einrichten können, in dem wir uns rundum wohlfühlen; und zwar ganz losgelöst von aufwendigen Renovierungen oder teuren Designerprodukten.

Egal was du kaufst, alles verursacht Emissionen. Es gibt nicht die eine Ideallösung. Und ob es die Ideallösung ist, stellt sich meistens erst nach dem Kauf heraus. Unsere Geschmäcker und Bedürfnisse verändern sich stetig. Ein alleinstehender Mann hat ganz andere Interessen und Bedürfnisse als ein Vater von zwei kleinen Kindern. Und wenn die Kinder größer werden, verändern sich die Bedürfnisse abermals. Ein Produkt, so klimafreundlich es sein mag, kann also nach kurzer Zeit wieder komplett von gestern sein (siehe Seite 56).

Wenn wir uns ein neues Auto kaufen, erwarten wir, dass uns dieser Kauf glücklicher macht. Denn wir empfinden Glücksgefühle, wenn wir an das neue Auto denken. Doch beim Autofahren selbst empfinden wir genauso wie auch schon vorher mit dem alten Auto. Wir denken nämlich gar nicht an das Auto, sondern konzentrieren uns auf das Fahren.[74]

- Wenn du Werbung oder sonstige schöne Bilder siehst, die einen Kaufwunsch in dir auslösen, analysiere, was dich daran anspricht. Vielleicht sind es nicht das Sofa und die schönen Kissen, sondern der lichtdurchflutete Raum. Und nicht die minimalistische Einrichtung, sondern die Ordnung. Oder die Leichtigkeit und Unbeschwertheit, die ein Bild vermittelt.
- Wenn du weißt, worauf du besonders anspringst, kannst du dich fragen: Wie kann ich das Gefühl oder den Zustand, den ich anstrebe, ohne Umweg über ein neues Produkt erreichen?
- Idealerweise schaust du erst nach passenden Produkten, wenn du tatsächlich einen Bedarf oder ein klares Bedürfnis hast. Versuche, dein

Konsumverhalten von einem produktorientiertem zu einem bedürfnisorientierten Konsum zu ändern.

Unverzichtbar? Wie glücklich uns Käufe wirklich machen

Wir alle kennen wahrscheinlich die Glücksgefühle nach einem erfolgreichen Einkauf. Beschwingt kommen wir mit neuen Dingen nach Hause. Wir lieben diese neuen Sachen. Doch sind diese Gefühle nicht lange danach verflogen. Der Pulli, der uns so unentbehrlich vorkam, liegt in der Schublade. Vielleicht brauchen wir wieder einen neuen Pulli, um uns so gut zu fühlen? Die logische Konsequenz dieses Mechanismus: volle Kleiderschränke, weniger Geld, eine gleichbleibende (Un-)Zufriedenheit – und natürlich höhere Emissionen durch den Konsum.

Ich zeige Euch auf der nächsten Seite eine Liste, die ich über drei Anschaffungen von mir als Beispiel erstellt habe. Du kannst dir ebenfalls so eine Liste machen, um dich und das, was dir wirklich etwas bedeutet, besser kennenzulernen. Es ist spannend, sich daran zu erinnern, wie glücklich man über einen Kauf war. Und dann zu vergleichen, wie glücklich man heute darüber ist. Wenn du es bei deinen Käufen ausprobierst, frage dich ebenfalls: Wie unentbehrlich erschien dir dieser Artikel? Und wie entbehrlich ist er heute? Vermutlich wird es auch dir so gehen, dass du anfangs über fast alles sehr glücklich warst und dir die Einkäufe unentbehrlich erschienen. Höchstwahrscheinlich auch bei Sachen, über die du jetzt nur noch den Kopf schütteln könntest.

Sich jeglichem Konsum zu verwehren ist hochgradig schwierig und muss auch gar nicht sein. Wenn du weißt, welche Art von Gegenständen du am wenigsten brauchst, kannst du zukünftig Frust und unnötige Emissionen vermeiden, wenn du dein Konsumverhalten entsprechend anpasst.

- Überlege vor jedem Kauf ganz konkret, was du brauchst und wofür, und schließe gewisse Produkte oder Produkteigenschaften, die nicht infrage kommen, kategorisch aus.
- Fälle Kaufentscheidungen nur, ohne dich vorher schon umgesehen zu haben, sonst lässt du dich unbewusst von Produktfotos beeinflussen

(siehe auch Seite 60) (sprich: Schaue dir nur Pullis an, wenn du wirklich einen brauchst).

- Arbeite in Onlineshops grundsätzlich mit Filtern, so fallen verlockende und unnötige Produkte raus. Nach dem Motto »und führe mich nicht in Versuchung«.
- Lege gerne eine laufende Liste an in Tabellenform wie unten. Wenn du versucht bist, etwas zu kaufen, zücke die Liste, und sieh nach, ob du kurz davor bist, einen Fehler zu begehen.

	Glücksgefühle	Unentbehrlichkeit	Glücksgefühle	Unentbehrlichkeit
	(unmittelbar nach dem Kauf)		(nach 1 Woche oder 1 Monat oder länger)	
Satinrock	9	10	2	1
Vase	10	9	5	2
Buch *Becoming* von Michelle Obama	10	10	8	8

Abbildung 12

Je mehr wir uns mit unseren eigenen Gefühlen und unserem Kaufverhalten auseinandersetzen, umso stärker können wir unser Verhalten verändern. Auch indem wir unsere »Fehlkäufe« analysieren: Auf welche Artikel könntest du im Nachhinein am besten verzichten? Welche machen dich besonders schlecht gelaunt? Gibt es vielleicht Stimmungen, während derer du besonders oft Fehlkäufe tätigst?

Holz ist gut und Plastik schlecht? Warum nicht jedes Naturprodukt automatisch nachhaltig ist und andere Trugschlüsse

Sobald du dich in einem Onlineshop für nachhaltige Produkte umsiehst, findest du verschiedene Produkte aus den unterschiedlichsten Materialien. Es wird schnell klar, dass das Wort »Nachhaltigkeit« von allen anders ausgelegt wird. Suche ich nach einer Haarbürste, werden mir sowohl Produkte aus Plastik angezeigt, denn »sie sind vegan«, als auch welche aus Holz mit Wildschweinborsten, denn »nichts geht über ein Naturprodukt«.

Bei Taschen reicht die Spannbreite von reißfestem Papier, »superleicht und recycelbar«, über Baumwolle, »schön natürlich und selbstverständlich GOTS-zertifiziert«, über Leder, »ein pflanzlich gegerbtes Naturprodukt«, bis zu hochwertigem Kunstleder, »selbstverständlich vegan«, und upgecycelten Materialien, z.B. LKW-Planen oder Fahrradschläuchen, »nachhaltig, da Upcycling, außerdem total hip und sooo strapazierfähig«. Bleistifte gibt es ganz klassisch aus Holz, FSC-zertifiziert, eine Mine mit Papier umwickelt, oder aber auch als Plastikmodell mit Mine zum Tauschen.

Bilder: AdobeStock, Gstudio (Avatar), happiestsim (Produkte)

Abbildung 13
Bei dieser Auswahl und den unzähligen Nachhaltigkeitsversprechungen ist es ganz schön schwierig, den Überblick zu behalten.

Die als nachhaltig deklarierten Produkte könnten unterschiedlicher nicht sein. Da fällt es schwer, den Überblick zu behalten, geschweige denn, die richtige Entscheidung zu treffen. Denn »die richtige Entscheidung« als solche gibt es nicht. Am einfachsten machen wir es uns, wenn wir festlegen, nach welchen Kriterien wir einkaufen, und wir dann danach handeln. Generell gilt: Je weniger wir kaufen bzw. neu kaufen, umso besser fürs Klima. (Bei viel genutzten Haushaltsgeräten kann es sinnvoll sein, die neuesten Modelle zu kaufen, da sich der geringere Stromverbrauch durch die bessere Energieeffizienz im Vergleich zu einem Altgerät rechnet.)

Angenommen, wir würden alle ab sofort dem Klima zuliebe unseren Konsum auf das absolute Minimum beschränken, würde das die ganze Weltwirtschaft in eine große Rezession führen. Ansätze davon haben der Wirtschaftseinbruch durch die Coronapandemie und auch die Folgen des russischen Angriffskriegs deutlich gezeigt. Wie ein nachhaltiger Übergang in eine Gesellschaft fernab von Massenkonsum gelingen kann, beschreibt J. B. MacKinnon in seinem Buch *Der Tag, an dem wir aufhören zu shoppen*.

Wie Ökobilanzen uns bei der Orientierung helfen können

Ökobilanzen erheben neben den klimawirksamen CO_2-Äquivalenten sämtliche weitere Umweltauswirkungen eines Produkts während des gesamten Lebenszyklus (Herstellung, Nutzung und Entsorgung), wie den Wasserverbrauch, den Flächenverbrauch, Feinstaubbildung usw. Folglich stellen die Ergebnisse von Ökobilanzen generell die gesamte Wirkweise auf alle Bereiche der Umwelt dar. So kann es sein, dass ein Produkt zwar mehr Müll verursacht, es jedoch durch geringere Emissionen weniger klimawirksam ist als ein anderes Produkt, das weniger Müll verursacht.

Da wir nicht alle bilanzierten Emissionen bewusst wahrnehmen, decken sich die Ergebnisse von Ökobilanzen oftmals nicht mit unseren Erwartungen. Papiertüten empfinden wir meist als nachhaltiger als Plastiktüten, auch wenn eine Papiertüte mindestens viermal benutzt werden muss, um besser zu sein als eine Tüte aus Plastik. Für uns stehen meist das Produktmaterial und die Entsorgung im Vordergrund, nicht jedoch die Transportemissionen oder der Wasserverbrauch bei der Herstellung. Produkte aus Plastik sehen wir meist kritisch, weil wir uns auf den Plastikmüll konzentrieren. Produkte aus Edelstahl wiederum, welche sehr energieintensiv in der Herstellung sind, empfinden wir meist als klimafreundlicher.

Auch bei den viel diskutierten Kaffeebechern kann man nicht pauschal sagen, dass Pfandbecher generell besser sind als Einwegbecher.[75] Die Umlaufzahl, also wie oft die Becher verwendet werden, und die Tatsache, ob ein Einwegdeckel verwendet wird, bestimmen maßgeblich das Ergebnis. Wird kein Einwegdeckel benutzt, schneiden Einwegbecher unter manchen Umständen besser ab als Mehrwegbecher. Mehrwegbecher, die mit Einwegdeckel benutzt werden, sind jedoch generell schlechter als Einwegbecher. Werden Pfandbecher mehr als 50-mal verwendet, rechnen sie sich im Vergleich zu Einwegbechern.[76]

Wir können uns kaum vorstellen, dass es besser sein kann, einen Einwegbecher zu benutzen statt einer Keramiktasse. Indem wir mehr an die Emissionen im Hintergrund denken, beispielsweise das heiße Wasser zum Spülen eines Pfandbechers oder die LKW-Transportemissionen von schweren Mehrwegglasflaschen, schärfen wir unsere Sicht auf all die Emissionen, die wir bisher nicht bedacht haben. Zusätzlich dazu spielt auch der verwendete Strom bei der Produktion eine Rolle. Wir achten eher darauf, wo etwas hergestellt wird, und denken an die hohen Emissionen durch den Schifftransport aus Fernost, welcher jedoch im Verhältnis zum Strommix beim Herstellungsprozess eine untergeordnete Rolle spielt.[77] (Auch hier kommt es auf kleine Einzelentscheidungen von uns nicht an. Diese Themen sind hauptsächlich für die Politik interessant oder sonstige Entscheidungsträger:innen, beispielsweise für Läden und Leute, die ein Pfandsystem aufbauen wollen.)

Auf der einen Seite denken wir über den Gebrauch von (relativ viel) heißem Wasser nicht nach, auf der anderen Seite kann genau dieses heiße Wasser der ausschlaggebende Faktor sein, welches System wir bevorzugen sollten. Was sagt uns das? Wie sollen wir damit umgehen? Dieses

Beispiel zeigt uns einmal mehr, wie wenig wir doch eigentlich über die ganzen Emissionen im Hintergrund wissen. (Das bedeutet nicht, dass wir ab sofort nur noch kaltes Wasser nutzen sollten – auch wenn wir trotzdem eher sparsam mit heißem Wasser umgehen sollten.) Und es zeigt uns, dass es wichtig ist, an den großen Stellschrauben zu drehen. Wenn das gesamte Gastrobewerbe auf Ökostrombetrieb umsatteln würde und alle Pfandbecher fortan mit durch Ökostrom erhitztem Wasser gespült würden, das würde den großen Unterschied machen.

Was jedoch deutlich wird, ist die starke Auswirkung der Begleitumstände. Im Beispiel mit den Bechern macht zu langes heißes Spülen (wenn das Wasser durch konventionellen Strom erhitzt wurde) den Unterschied, ob Einweg oder Mehrweg besser ist. Wie oft jedoch benutzen wir täglich heißes Wasser über einen längeren Zeitraum, ohne uns dessen überhaupt bewusst zu sein? Wir waschen uns die Hände, spülen womöglich Pfandflaschen heiß aus (obwohl das gar nicht nötig ist) und benutzen auch sonst heißes Wasser, oft ohne uns Gedanken darüber zu machen.

- Insgesamt lohnt es sich, genau hinzusehen. Ob ein Produkt »gut« oder »schlecht« ist, kann man oft pauschal nicht sagen. Es hängt immer von den Rahmenbedingungen und der jeweiligen Nutzungsdauer ab.
- Im Allgemeinen sind einfache und eher provisorische Lösungen oft nachhaltiger als aufwendige und lang haltbare Alternativen, insbesondere, wenn wir einen Gegenstand nur kurz brauchen.

Nutzungsdauer vs. Materialaufwand:
Warum Einweg besser als Mehrweg sein kann

Für welches Material wir uns also entscheiden, steht und fällt mit der Nutzungsdauer. Im Fall der Mehrwegbecher bedeutet das beispielsweise, dass ein Material genommen werden muss, welches hohe Spültemperaturen aushält, sich jedoch auch gut recyceln lässt und wenig Energie in der Herstellung verbraucht. Da bei Pfandsystemen immer davon ausgegangen werden muss, dass Becher nicht zurückgebracht werden oder kaputte Becher bzw. Becher, die optisch nicht mehr einwandfrei sind, aussortiert werden müssen, sind Materialien mit extrem hohem Energieverbrauch wie z. B. Edelstahl nicht geeignet. Wollen wir uns im Privaten einen langlebigen Kaffeebecher kaufen, kann Edelstahl wiederum eine sinnvolle Wahl sein, da uns bei unserem eigenen Becher ein paar Kratzer oder Macken nicht stören, wir würden ihn deswegen nicht aussortieren. Haben wir jedoch schon einen Thermobecher und wollen einen Ersatzbecher, den wir nicht oft nutzen werden, sollten wir ein leichteres Material bevorzugen. Je nachdem, wie selten wir den Ersatzbecher verwenden würden, können wir guten Gewissens einen Einwegbecher (im besten Fall ohne Deckel) benutzen. Allemal besser, als zu Hause mehrere Thermobecher auf Vorrat zu haben.

9

BEHALTEN ODER NICHT BEHALTEN, DAS IST HIER DIE PLATZ-FRAGE

Glauben wir all den Aufräumgurus und Minimalist:innen da draußen, gibt es nichts Besseres als leere Räume, in denen zuvor Sachen standen, die wir nun verschenkt, verkauft oder weggeworfen haben. Doch wenn auf das große Aufräumen das große Auffüllen folgt, ist das auf Dauer eine ziemliche Belastung für Klima und Umwelt. Denn wer hält es bitte ein Leben lang aus, mit fast nichts auszukommen?

Wenn wir beim Aufräumen das Klima im Hinterkopf behalten, kommt es also nicht darauf an, möglichst wenig zu besitzen, sondern so aufzuräumen, dass wir mit möglichst wenig Wohnfläche auskommen. Wer klimafreundlich aufräumen und ausmisten möchte, betrachtet das Aufräumen daher besser nicht als Selbstzweck, sondern vielmehr als Mittel zum Zweck. Warum räumen wir gerade auf? Was wollen wir erreichen? Welche Bedürfnisse wollen wir damit bedienen? Wenn wir uns vor dem Aufräumen diese Fragen stellen, finden wir leichter heraus, ob wir mit unserem Tun wirklich dem Klima helfen oder es durch dieses neue Hobby eher mehr belasten.

Einfach weniger? Warum Minimalismus kein Synonym für Klimaschutz ist

Minimalismus und Klimaschutz werden oft in einem Atemzug genannt, denn Minimalist:innen kommen mit so wenig wie möglich Besitztümern und Wohnfläche aus. Was letztlich eine sehr sinnvolle und nachhaltige Art zu leben ist, wird gerne mit einem besonders schicken und ordentlichen Lebensstil verwechselt, für den man im Idealfall ganz besonders schicke und minimalistische Möbelstücke braucht.

- Letztlich kann man bei der Frage »Aussortieren oder Aufheben?« nach dem knappsten Faktor entscheiden: Hast du wenig Stauraum, oder würdest du umziehen, wenn du weniger Dinge hättest? Dann gib lieber mehr Gegenstände weg. Die eingesparten Ressourcen durch den kleineren Wohnraum machen alle potenziellen Neuanschaffungen wett, die du tätigen müsstest, falls du einen Gegenstand irgendwann doch brauchst.
- Wenn Stauraum bei dir jedoch keine Mangelware ist und ein Umzug sowieso nicht infrage kommt, lohnt es sich, Dinge vorerst aufzuheben, statt sie verfrüht auszusortieren. Auch hier lauert die End-of-History-Illusion: Wir können uns heute beim besten Willen nicht vorstellen, etwas noch einmal zu brauchen, doch in vier Jahren sieht das vielleicht anders aus …

Bilder: AdobeStock, 8_visual

Abbildung 14
Mit Bildern wie diesem wird bei vielen von uns das Bedürfnis geweckt, endlich mal aufzuräumen und sich von dem ganzen unnötigen Ballast zu befreien – um danach vielleicht neue Einrichtung zu kaufen. Was uns jedoch am meisten ins Auge stechen sollte, ist (neben der übertrieben minimalistischen Einrichtung) die Platzverschwendung, die hier propagiert wird. Der indirekt angepriesene Lebensstil belastet das Klima. Denn es würden hohe Heizungsemissionen für eine Wohnfläche entstehen, die nicht genutzt bzw. gebraucht wird.

Tipp: Niemand wirft gerne Dinge weg. Wenn wir jedoch offensichtlichen Müll aufheben, verzögern wir den Zeitpunkt der Entsorgung lediglich. Hab also kein schlechtes Gewissen, wenn du Sachen endgültig aussortierst. Du sorgst dafür, dass die Ressourcen in den Wertstoffkreislauf kommen, und ersparst deinen Nachkommen irgendwann die Arbeit, deinen Keller leer zu räumen.

Meins oder deins?
Wie wir die Nutzungsdauer von Gegenständen maximieren

Unseren Besitz im großen Stil wegzugeben ist nur dann gut fürs Klima, wenn du als Resultat deine Wohnfläche verkleinern kannst. Da für viele ein Umzug nicht einfach so infrage kommt, sei es aus emotionalen oder rein praktischen Gründen, brauchen wir also einen anderen und klimafreundlicheren Ansatz, wenn es um unseren Besitz geht.

Schauen wir in einen durchschnittlichen Keller oder auf einen Dachboden, finden wir meist viel Unordnung. Vieles, was man »irgendwann mal wieder gebrauchen kann«, und mindestens genauso viel, das zu nichts mehr zu gebrauchen ist. Wie finden wir nun heraus, welche Sachen wir besser behalten sollten und welche wir getrost weggeben können, ohne Nachteile für uns oder das Klima?

Bilder: Fotoschlick

Abbildung 15
Altkleiderannahmestellen können sich zum Teil kaum noch retten vor der Flut an Kleidungsstücken, die abgegeben werden. So wurden in Hamburg mittlerweile alle 300 stadteigenen Altkleidercontainer abgebaut. Im Schnitt wird jedes Kleidungsstück nur etwa viermal getragen, bevor es aussortiert wird. Die wenigsten Kleidungsstücke werden lokal an Bedürftige verteilt, so wie wir uns das beim heldenhaften Ausmisten vorgestellt hatten. Über 40 Prozent werden nach Übersee verschifft und schaden dort den lokalen Märkten.[78]

Auch wenn es uns manchmal am besten vorkommt, Sachen für später aufzubewahren und bloß nichts wegzugeben oder gar wegzuwerfen: Das ist es nicht immer. Indem wir alle alten Möbel, ausgediente Elektronik und Kleidung, von der wir hoffen, dass sie irgendwann wieder passt, einfach für später aufheben, sitzen wir auch auf einem riesigen Berg an ungenutzten Ressourcen. So lagern rund 200 Millionen ungenutzte Althandys in deutschen Haushalten – eine unglaubliche Menge.[79] Wenn wir nicht emotional an bestimmten Dingen hängen, kann es also helfen, den Fokus zu verschieben: von »Brauche ich das noch?« hin zu »Wer könnte es gebrauchen, und wie schaffe ich es, dass der Gegenstand so lange wie möglich genutzt wird, egal von wem?«.

Ein Ansatz, den ich gerne praktiziere, ist, die Aufmerksamkeit vom einfachen »Ausmisten« oder der Frage »Brauche ich das wirklich noch?« auf die Nutzungsdauer des jeweiligen Gegenstandes zu lenken und diese zu maximieren. Je länger ein Gegenstand wirklich genutzt wird, desto klimafreundlicher ist der Gegenstand im Verhältnis zu den Ressourcen, die durch ihn verbraucht wurden.

Mit dem Gedanken, Ressourcen zu sparen, heben wir oftmals Unmengen an Sachen für unsere Kinder auf. Wir meinen, dadurch Ressourcen zu schonen und Geld zu sparen, schließlich muss etwas nicht neu angeschafft werden. Dabei gibt es typischerweise zwei Probleme. Erstens: Nur ordentlich gelagerte Sachen überdauern die Zeit unbeschadet. Lagern wir Kleidung nicht gut verpackt, riskieren wir Mottenlöcher. Im Keller wird es schnell mal zu feucht, auf dem Dachboden zu heiß. Plastikteile werden spröde (Kinderautositze werden dadurch zum Beispiel unbrauchbar), Elastikbündchen leiern aus und sind nicht mehr funktionsfähig. Zweitens: Vieles, was wir heute unentbehrlich finden, brauchen wir in ferner Zukunft nicht mehr, oder es ist vollkommen veraltet oder »out«. Wenn wir bestimmte Sachen wie Kinderwägen oder Autositze für lange Zeit lediglich aufheben, statt sie zu benutzen, verkürzen wir deren Nutzungszeit. Verkaufen wir sie unmittelbar nach der eigenen Nutzung, erhöhen wir die Chance für eine maximale Nutzungsdauer. Gleiches gilt für »Trendstücke«: Einhornpullover mögen aktuell angesagt sein, aber in zehn Jahren vielleicht nicht mehr. Elektrische Geräte wie Smartphones sollten möglichst direkt nach Ende der eigenen Nutzungszeit verkauft oder gespendet werden (idealerweise nutzen wir sämtliche elektrischen Geräte so lange wie möglich). Technik veraltet so schnell, dass sie nach ein paar Jahren Lagerung oftmals nur noch für den Elektroschrott taugt.

Wenn du dir unsicher bist, schau dir an, wie sehr sich ein bestimmtes Produkt im Lauf der letzten Jahrzehnte gewandelt hat. Wollsocken oder Mützen, die noch von der Uroma gestrickt wurden, sind auch in 20 Jahren noch funktionsfähig und alltagstauglich. Das ausrangierte Telefon vermutlich nicht mehr. Im Idealfall hebst du zeitlose und auserwählte Stücke auf: Lieblingsstücke und qualitativ sehr Hochwertiges. Bei Gegenständen, von denen der Markt komplett übersättigt ist und bei denen das Angebot an Gebrauchtem die Nachfrage bei Weitem übersteigt (bei Kleidung (insbesondere Babykleidung) ist das oftmals so, die Altkleidersammlung ist leider keine nachhaltige Lösung, siehe oben), kann es klüger sein, sie aufzubewahren, wenn man sicher ist, dass sie noch genutzt werden wird.

- Ein Gegenstand sollte möglichst oft und möglichst lange genutzt werden. Manchmal kann es besser sein, etwas wegzugeben (Mode oder Elektrik z. B.), weil es schnell veraltet, zumindest wenn Bedarf danach besteht. Einen Ersatzföhn kann man besser aufheben und in zehn Jahren noch nutzen als ein ausgedientes Handy oder aktuell moderne Kleidung.
- Etwas Aussortiertes zu verkaufen ist deutlich aufwendiger, als etwas zu verschenken oder gar einfach zu spenden. Die Wahrscheinlichkeit, dass etwas noch mal genutzt wird, ist bei Dingen, die verkauft werden, allerdings am höchsten. Denn so erhöht sich die Wahrscheinlichkeit, dass die Folgebesitzer:in pfleglich mit dem neuen Besitz umgeht. Verschenken wir Sachen ungefragt, erhöht sich wiederum die Wahrscheinlichkeit, dass es irgendwann im Keller, im Müll oder in der Altkleidersammlung landet.
- Sammelstellen für Kleider- oder Sachspenden sind oft hoffnungslos überfüllt. Versuche daher, gezielt zu spenden – idealerweise saisonal und lokal. Bei Babykleidung, für die du keine direkten Abnehmer:innen findest, kannst du dich an lokale Frauenhäuser oder Unterkünfte für Geflüchtete wenden.

Wir hatten früher unfassbar viel Kram. Unser ganzes Haus sowie Keller und Garage quollen über. Es war ein Mix aus Erbstücken, ungeliebten Geschenken, Müll und noch mehr Müll. Wir hatten keinen Überblick über unseren Besitz und nahmen alle Geschenke unreflektiert an. Quollen die Regale und Schränke über, wanderten die Sachen in den Keller. Als dieser voll war, kam der Kram in die Garage. Bis irgendwann unsere Fahrräder nur noch mit sehr viel Mühe in die Garage passten. Weil wir keine Lust hatten, uns jeden Tag am Gerümpel vorbeizuquetschen, standen die Fahrräder irgendwann im Hof. Eines Morgens jedoch war eines der Fahrräder weg. Wir haben über 500 Euro verloren, nur weil wir es nicht geschafft haben, aufzuräumen und uns von unnötigen Dingen zu trennen. Mittlerweile kommen alle neuen Dinge, egal ob geschenkt oder gekauft, vorerst in eine Kiste. Wenn wir entscheiden, sie langfristig behalten zu wollen, ziehen sie von der Kiste an einen festen Ort im Haus um. Manches Gekauftes verliert nach ein paar Tagen seinen Reiz und kann dann noch im Laden zurückgegeben werden.

Alles in Ordnung?
Wie Ordnung uns helfen kann, weniger kaufen zu müssen

Kannst du ganz spontan die Frage beantworten, wie viele Kleidungsstücke du besitzt? Oder wie viele Baumwolltragetaschen? Geschirrhandtücher? Socken? Ladekabel? Kugelschreiber? Ausgediente elektrische Geräte? Vielleicht hast du sogar noch ein Schnurtelefon im Keller? Altes Spielzeug? Kleider, die du nie wieder tragen wirst? Vermutlich von allem mehr, als du denkst.

Entrümpeln kann, wenn es nicht dogmatisch betrieben wird, eine echte Entlastung für uns selbst und auch die Umwelt sein. Dabei kann es nicht darum gehen, wer die meisten Sachen wegwirft oder wer mit den wenigsten Gegenständen auskommt. Klimafreundliches Aufräumen dient hauptsächlich dem Zweck, in Zukunft unnötige Käufe zu vermeiden, wertvolle Ressourcen in den Wertstoffkreislauf zu bringen und die Nutzungsdauer des eigenen Besitzes zu maximieren. Wer beim Aufräumen 20 Baumwolltaschen findet, wird diese vermutlich häufiger beim Einkaufen benutzen und keine neuen mehr an der Kasse kaufen. Wer eine ganze Ladung Kugelschreiber findet, braucht vermutlich nie wieder einen Kugelschreiber zu kaufen und lässt womöglich beim nächsten Werbestand den kostenlosen Kugelschreiber liegen.

Du könntest also eine gründliche Aufräumaktion für eine Inventur deines Besitzes nutzen. Dafür musst du nicht, wie in diversen Aufräumratgebern empfohlen, jeden kleinsten Krümel hinterfragen und alles penibel ordnen und sortieren. Es geht vielmehr darum zu erkennen, was du alles besitzt und was du in Zukunft nicht mehr kaufen musst. Für die wichtigsten Gegenstände, die du im Alltag brauchst, lohnt es sich, einen schnell erreichbaren festen Platz einzurichten. Denn nur wer eine der 20 Baumwolltragetaschen auch wirklich griffbereit hat, muss keine neue kaufen ...

Rotationssystem entwickeln

Neue Gegenstände üben einen ganz besonderen Reiz auf uns aus. Wenn wir sehr viel Kleidung besitzen und das Gefühl lieben, etwas Neues zu tragen, kann es helfen, Kleidungsstücke zu rotieren. So bleibt der Kleiderschrank übersichtlich, und wir machen uns ganz ohne Konsum und Emissionen alle paar Monate eine Freude, indem wir Kleidungsstücke aus einer Kiste holen, um sie zu tragen und nach ein paar Monaten wieder gegen etwas anderes »Neues« aus der Kiste einzutauschen. Allemal besser, als regelmäßig die Altkleidersammlung zu füttern.

Den so gewonnenen Stauraum in deinem Kleiderschrank könntest du nutzen, um einen Bereich einzurichten, in den du bereits getragene Kleidung legen oder aufhängen kannst. So muss getragene Kleidung nicht direkt in die Wäsche wandern nach einmal Tragen, landet aber auch nicht auf dem klassischen Kleiderstuhl, der in der Regel ein echter Kleiderhaufen ist (wer kennt und hat ihn nicht ...). Wie oft habe ich schon Sachen vermisst, die einfach ganz unten in diesem Kleiderhaufen lagen. Wer nach diesem Prinzip vorgeht, kommt mit deutlich weniger Waschgängen und Kleidungsstücken aus. Und wer sich abends bereits die Kleidung wieder für den nächsten Tag richtet, ist morgens schneller angezogen.

- Je weniger Wohnraum wir beanspruchen, je weniger Heizenergie wir verbrauchen und je weniger wir konsumieren, desto klimafreundlicher leben wir. Von uns beanspruchten Raum sollten wir so gut wie möglich reduzieren. Entrümpeln kann helfen, den Weg zu ebnen.
- Haben wir für jeden Gegenstand einen festen Platz, vermeiden wir Doppelkäufe und sparen tagtäglich wertvolle Zeit mit Suchen. Kennen wir zudem unser gesamtes Inventar, beugen wir dadurch Doppel- oder Mehrfachkäufen vor.
- Wenn ein Umzug nicht infrage kommt, versuche, beim Aussortieren nach Nutzungsdauer vorzugehen. Wenn ausreichend Stauraum kein Problem ist, hebe lieber etwas mehr auf, um späteres Nachkaufen und Müll zu vermeiden.
- Korrekte Lagerung ist besonders wichtig. Lagern wir Dinge in Umzugskartons, wird der Inhalt schnell feucht oder von Motten zerfressen. Hier lohnen sich stabile und gut schließende Plastikkisten. (Wenn wir wegen des Plastiks zögern: Es ist besser, eine Plastikkiste zu kaufen, als den ganzen Inhalt eines Kartons wegwerfen zu müssen, weil er geschimmelt hat.)

Locker easy? Warum wir nicht alles selbst machen müssen

Auch wenn es uns glücklicher machen kann, weniger zu arbeiten und mehr Dinge selbst zu tun, dürfen wir auch bei unserer Freizeitgestaltung mit Maß vorgehen. Manchmal fühlt es sich so an, als würden wir geradezu bombardiert mit Vorschlägen, wie wir umwelt- oder klimabewusster leben können. Oftmals wird auch der Vergleich der heutigen Technik mit der von früher angebracht. Wenn wir unsere Waschmaschine beladen, Waschpulver einfüllen und die Wäsche danach in den Trockner stecken, packt viele von uns ein schlechtes Gewissen. Stromverbrauch und Chemiekeule zusammen: Das kann ja nicht gut sein. Manchmal könnte man meinen, es sei besser und klimafreundlicher, zu einem ursprünglicheren Leben zurückzukehren.

Doch diese Vorgänge sparen uns viel Zeit. Während früher Frauen einen ganzen Tag und mehr damit zugange waren, die Wäsche einer Woche zu waschen, ist uns das heute mit wenig Zeitaufwand und ohne körperliche

Arbeit möglich. Statt deswegen ein schlechtes Gewissen zu bekommen, dürfen wir auch tiefe Dankbarkeit für diesen technischen Fortschritt empfinden. In der Zeit, in der z. B. unsere Spül- und Waschmaschinen laufen und die Arbeit für uns erledigen, können wir unseren Kindern ein Buch vorlesen, Geld verdienen, Sport machen oder auch einfach gar nichts tun und uns ausruhen. Auch wenn der technische Fortschritt und die zunehmende Arbeitsteilung für den Anstieg der Emissionen gesorgt haben – wir haben ihm auch sehr viele Annehmlichkeiten zu verdanken wie Warmwasser, bezahlbare Produkte und Essen für alle, Heizung usw., auf die niemand mehr ernsthaft verzichten möchte. Warum sollte sich nun jemand nach einem langen und anstrengenden Arbeitstag ein eigenes Waschmittel anrühren? Wenn es Spaß macht und eine willkommene Abwechslung zum stressigen Berufsalltag darstellt: sehr gerne. Wenn man sich dazu verpflichtet fühlt: lieber nicht.

Und das, obwohl es auf den ersten Blick erstrebenswert ist, ganz ohne Verpackungen auszukommen. Wer von uns mag schon Plastikmüllberge? Doch das würde aktuell bedeuten, dass wir alles – ausnahmslos alles –, was wir verwenden wollen, auch selbst produzieren müssten. (Vollkommen auf Plastik zu verzichten wird zwar selten propagiert, dennoch schwingt oft ein schlechtes Gewissen mit, selbst wenn die Verpackung unumgänglich ist.)

Bei vielen gut gemeinten Ökotätigkeiten lauert ein weiterer Denkfehler, nämlich der Freiwilligentrugschluss: Mit der Absicht, Gutes zu tun, gehen wir in unserer Freizeit Tätigkeiten nach, die wir eigentlich nicht können, und verschwenden dadurch enorm viel Zeit, einfach weil wir länger brauchen als Leute mit besseren Fähigkeiten.

In der Entwicklungshilfe ist das ein häufig beobachtetes und ebenso fatales Phänomen: Freiwillige ziehen in die Welt hinaus, um in ärmeren Regionen Brunnen zu bauen. Dabei schaden sie nicht nur der lokalen Wirtschaft, sondern sind zudem ineffizient. Würden die Freiwilligen innerhalb ihres Kompetenzkreises bleiben, also jene Arbeit verrichten, die sie am besten können, könnten sie viel mehr erwirtschaften, als sie in der gleichen Zeit Brunnen bauen können.[80]

Ähnlich kann es uns ergehen, wenn wir versuchen, unseren Alltag nachhaltiger zu gestalten. Die Zeit, die wir aus reinem Pflichtgefühl mit Waschmittel-Anrühren, Shampoo-Herstellen oder Ähnlichem verbringen, könnten wir ebenso gut arbeiten und diesen Zusatzverdienst nutzen, um beispielsweise einen alten Kühlschrank gegen einen effizienteren auszutauschen oder uns in dieser Zeit politisch zu engagieren. Auch hier gilt: Wenn wir uns bei solchen Aktivitäten entspannen können, es als körperlichen Ausgleich ansehen oder wir es vielleicht sogar mit unseren Kindern gemeinsam machen können: wunderbar! Aber wir sollten uns nicht dazu verpflichtet fühlen.

- Auch wenn es ein schöner Ausgleich sein kann, Dinge selbst herzustellen, sollten wir vorsichtig mit unserer Zeit umgehen, denn auch Zeit ist eine wertvolle Ressource.
- Gehe nur solchen Ökotätigkeiten nach, die entweder eine hohe Einsparung an Emissionen bedeuten, dir viel Geld sparen, an denen du wirklich Spaß hast, oder die einen anderen Zusatznutzen für dich haben.
- Gibt es eine Ökotätigkeit, die du sehr gerne machst, dann tu dich doch mit Gleichgesinnten zusammen, und bündelt eure Kräfte. Wenn jede:r etwas anderes besonders gut kann und andere daran teilhaben lässt, fördert das den Gemeinschaftssinn und spart Ressourcen, Zeit und viel Geld.

Brauchen wir wirklich alle ein Hochbeet?

In Ökokreisen gehört ein kleiner Gemüsegarten oder wenigstens ein Hochbeet förmlich zum Must-have. Und wer sich die Literatur zum Thema Selbstversorgung durchliest, bekommt schnell das Gefühl, es wäre ein Leichtes, sich aus dem eigenen Garten zu versorgen. Vor unserem inneren Auge sehen wir, wie wir genüsslich die Früchte unserer Arbeit ernten und sie frisch zubereiten. Doch worum geht es uns dabei? Wollen wir autark leben oder einfach nur Verpackungen und Transportemissionen sparen? Wollen wir Geld sparen oder einfach ein bisschen Zeit im Grünen verbringen? Müssen wir extra mit dem Auto zum Schrebergarten fahren, geht die Rechnung fürs Klima nicht mehr auf. Der Fokus darf also gerne auf dem Erlebnis liegen – sehen, wie viel Pflege und Aufwand es braucht, bis man etwas ernten kann. Eine Saison mit einer Handvoll Pflanzen reicht oft aus, um die Wertschätzung gegenüber Lebensmitteln im Allgemeinen deutlich zu steigern und damit ganz nebenbei durch bewussteren Konsum das Klima zu schonen. Es muss kein Gemüse aus dem eigenen Garten sein. Biogemüse aus dem nächsten Laden, im Idealfall aus der Region, ist ebenfalls super. Hier gilt ganz besonders: Was Spaß macht, darf sein, was stresst, muss nicht sein. Wenn wir unser Gemüse zum Teil oder auch nur für eine Saison selbst anbauen, ändert sich unsere Einstellung zu Lebensmitteln, und wir achten stärker darauf, nichts zu verschwenden. Schließlich haben wir jeden einzelnen Arbeitsschritt miterlebt. Wenn wir uns jedoch zunehmend vegan oder vegetarisch ernähren, weil wir so viel Gemüse aus dem Garten zu verwerten haben, lohnt sich das allemal fürs Klima.

Tipp: Gartenneulinge können sich mithilfe von unzähligen umfangreichen Videotutorials das notwendige Gartenwissen aneignen. Besonders empfehlenswert finde ich den YouTube-Kanal von Wurzelwerk.

10

KLIMASCHUTZ IST ÜBERALL WICHTIG: AN KLIMASCHUTZ DENKEN, WO WIR IHN AM WENIGSTEN VERMUTEN

Klimaschutz bedeutet, so wenig wie möglich zu fliegen, zu konsumieren und mit wenig Wohnfläche auszukommen. Oder? Weil der Fokus sehr stark auf dem Privaten liegt – denn schließlich ist das der Bereich, auf den wir den größten Einfluss haben –, vergessen wir oft, dass Klimaschutz auch in allen anderen Bereichen wichtig ist.

Die Bandbreite an gesellschaftlichen Themen, die für den Klimaschutz eine Rolle spielen, würde hier jeden Rahmen sprengen. Daher gehe ich nur auf ein paar ausgewählte Themen ein, die mir persönlich am Herzen liegen. Für einen vollständigeren Diskurs zu gesellschaftlichen und politischen Themen verweise ich auf *Schluss mit der Ökomoral* von Michael Kopatz (siehe Seite 153).

Ungerecht! Was Klimaschutz mit Feminismus zu tun hat

Ganz gleich, welche Klimatipps einem begegnen, die Wahrscheinlichkeit, dass eine Frau sie »ausbaden« muss (also: sich Gedanken darüber macht, wie viel sie davon in ihren Alltag implementieren kann), ist sehr hoch. Denn Frauen übernehmen nach wie vor den Löwenanteil der Care- und Hausarbeit. Daneben leisten sie zumeist noch all die unsichtbaren Aufgaben, die im Alltag anfallen (die sogenannte Mental Load wie Geschenke besorgen, Sommer- und Winterkleidung tauschen, den Kindern neue Schuhe kaufen, Impf- und Vorsorgetermine vereinbaren, Freizeitaktivitäten planen, bei den Hausaufgaben helfen, kochen und überlegen, was am nächsten Tag gekocht wird usw.).

Viele Klimatipps suggerieren uns, wir könnten viel klimafreundlicher sein, wenn wir nur wollten. Viele der häufig angeführten Klimatipps (verpackungsfrei einkaufen, Wäsche aufhängen) fallen jedoch in den »klassischen« Aufgabenbereich von Frauen. Wenn durch den Anspruch der Klima- und Umweltfreundlichkeit zu dem ohnehin schon vollen Alltag zusätzliche und unter Umständen zeitintensive Aufgaben wie aufwendige Recherchen kommen, ist die Überforderung vorprogrammiert – zumal häufig bereits eine Mehrfachbelastung durch Beruf und Care-Arbeit vorliegt (und auch viele Frauen alleinerziehend sind). Frauen sollten sich meiner Meinung nach nicht dazu verpflichtet fühlen, sämtliche Klimaratschläge in ihrem Alltag umzusetzen. Und sich gegen Schuldgefühle wehren, die viele der klimafreundlichen und gut gemeinten Tipps nach sich ziehen.

Zudem tragen Frauen durch ihr im Durchschnitt geringeres Einkommen weniger zur Klimakrise bei und sind darüber hinaus von den Folgen überproportional stark betroffen. So sind die Opfer verheerender Naturkatastrophen meist Frauen und Kinder. Ein Beispiel, das zwar nichts mit der Klimakrise zu tun hat, das die Lage aber dennoch verdeutlicht: Beim Tsunami in Südostasien im Jahr 2004 starben viermal mehr Frauen als Männer – unter anderem, weil sich die meisten Frauen zu Hause aufhielten, daher später gewarnt wurden und sie sich zusätzlich noch um Angehörige kümmerten.[81] Strukturen, die für eine Förderung der Gleichberechtigung sorgen, sind nach wie vor enorm wichtig. Gleichzeitig muss sich die Diskussion beim Klima- und Umweltschutz endlich auf die wichtigsten Punkte verschieben. Von den 14.000 Tampons oder Binden, die jede Frau in ihrem Leben durchschnittlich wegwirft, geht die Welt nicht unter. Dass Frauen weltweit weiterhin diskriminiert werden und weniger Zugang zu Bildung haben, trägt dagegen zur Klimakrise bei.

Der technische Fortschritt hat der Masse der Frauen erstmals ermöglicht, Freizeit zu haben. Sie mussten und müssen nicht mehr stundenlang mit dem Abwasch, der Wäsche, dem Kochen oder dem Wienern von Böden zubringen – dies erledig(t)en nun teilweise Maschinen. Eine Rückbesinnung auf das »ursprüngliche Leben« ist meines Erachtens kein gangbarer Weg. Er führt nur zu noch weiterer Geschlechterungerechtigkeit. Die Lösung der Klimakrise darf nicht ins Private verlagert werden.

Mehr zum Thema findest du hier:

Deutsche Gesellschaft für die Vereinten Nationen, *Klimagerechtigkeit und Geschlecht. Warum Frauen besonders anfällig für Klimawandel & Naturkatastrophen sind.* [82]

Gunda-Werner-Institut, *Ohne geht's nicht. Klimagerechtigkeit braucht Feminismus.*[83]

Immer mehr! Wie wir unsere Bedürfnisse erkennen und einordnen

Hast du dich jemals gefragt, warum du manchmal scheinbar nicht genug bekommen kannst? Du hattest dich so lange auf etwas Bestimmtes gefreut und darauf hingearbeitet, doch sobald du es erreicht hast, schaust du nur noch auf den nächsten Schritt nach oben? Die Antwort darauf können wir in der Maslowschen Bedürfnishierarchie finden. Sie wurde vom gleichnamigen Psychologen in den 1940ern entwickelt und wird mittlerweile meist vereinfacht in Pyramidenform dargestellt.

Abbildung 16 nach McLeod (2007)[84]
Bedürfnisse und Wünsche mit und ohne Ende: Zu den Defizitbedürfnissen gehören Physiologische Bedürfnisse, Sicherheitsbedürfnisse, Soziale Bedürfnisse und Individualbedürfnisse. Die Selbstverwirklichung wiederum zählt zu den Wachstumsbedürfnissen. Unsere Defizitbedürfnisse können vollständig befriedigt werden, ein Defizit bei einem dieser Bedürfnisse hat körperliche und/oder seelische Folgen für uns. Dagegen kann unser Wunsch nach persönlicher Entfaltung nie vollends erfüllt werden.

Zurück zu uns und unserem Wunsch nach mehr: Haben wir kein Bett, empfinden wir jedes Bett, das wir bekommen können, als richtig gut. Sind jedoch unsere Grundbedürfnisse gedeckt, wollen wir in der Regel nicht mehr einfach irgendein Bett haben. Sondern eines, dass vielleicht etwas größer ist, die Matratze sollte den perfekten Härtegrad haben, wir wollen morgens erholt aufwachen, und es darf auch sehr gerne zur sonstigen Einrichtung passen und unserem persönlichen Stil entsprechen. Da die Bedürfnisse nach Anerkennung und Selbstverwirklichung keine natürliche Grenze kennen, wie Hunger oder das Bedürfnis nach Schlaf, müssen wir an diesen Stellen selbst regulierend eingreifen und besonders unsere Konsumbedürfnisse hinterfragen: Brauche ich dieses neue Bett wirklich für meine Selbstverwirklichung, oder sitze ich nur falschen Vorstellungen eines perfekten Lebens auf, welches angeblich nicht ohne ein Designerbett auskommt, das farblich zu Vorhängen, Teppich und Dekoration passt? Wie schaffen wir diese Selbstregulation am besten? Indem wir lernen, aus uns selbst heraus glücklich zu werden, und unser Glück nicht länger in der Erfüllung von Konsumwünschen suchen. Zum einen werden wir es im Konsum und im Streben nach immer mehr nicht finden – das ist erwiesen.[85] Zum anderen gehen wir so einen großen Schritt in Richtung eines klimabewussten und wahrhaft glücklichen Lebens.

Klimaschutz kann jedoch ganzheitlich und auf allen Ebenen nur funktionieren, wenn wir es schaffen, dass die Grundbedürfnisse aller Menschen jederzeit klimafreundlich gedeckt werden können. Sobald unsere Grundbedürfnisse wie genug Nahrung, Sicherheit und Gesundheit auf dem Spiel stehen, verliert der Klimaschutz an Bedeutung für uns. Gesundheit und alle anderen Grundbedürfnisse dürfen keine Privilegien oder Optionen sein. Sie sollten selbstverständlich und für alle zugänglich sein.

Krank! Wieso unser Gesundheitssystem sowohl uns als auch dem Klima schadet

Das deutsche Gesundheitswesen hat einen Anteil von etwa 5,2 Prozent an den deutschen Gesamtemissionen,[86] davon entfallen 35 Prozent auf Narkosegase.[87] Weltweit macht der Gesundheitssektor 4,4 Prozent aller Emissionen aus. Wäre der Gesundheitssektor ein Land, wäre er der fünftgrößte Emittent.[88] Damit trägt das Gesundheitswesen einen deutlichen Teil zur Klimakrise bei, sogar einen größeren als der internationale Flugverkehr mit einem Anteil von etwa 3 Prozent.[89] Während Narkosegase, der Krankenhausbetrieb, die Herstellung von Medikamenten usw. sich auf das Klima auswirken, wirkt sich die Klimakrise wiederum auf das Gesundheitswesen aus: Denn die Klimakrise ist eine der größten Gefahren für die menschliche Gesundheit. Und zwar nicht nur in Ländern, die besonders stark von Hitze, Dürre, Hunger und Wassermangel betroffen sind. Hitzeperioden, wie sie seit einigen Jahren vermehrt vorkommen, führen weltweit zu immer mehr Hitzetoten, die Klimakrise sorgt unter anderem auch für mehr Atemwegserkrankungen und Infektionskrankheiten.

Die Frage, wie der Gesundheitssektor zukünftig klimaneutral werden kann, muss in jedem Fall ganzheitlich angegangen werden. Wenn Krankenhäuser zu Ökostromanbietern wechseln, Anästhesist:innen Narkosegase mit geringerer Treibhauswirkung bevorzugen oder die Klinikleitung vermehrt auf Mehrwegartikel setzt, ist das ein erster richtiger Ansatz. Das 2017 gegründete Netzwerk Deutsche Allianz Klimawandel und Gesundheit e.V. setzt sich in vielschichtiger Weise für einen klimaneutralen Gesundheitssektor ein und will Akteur:innen in gesundheitlichen Berufen darüber aufklären, »dass ohne die Erhaltung der Lebensgrundlagen auf diesem Planeten Gesundheit nicht möglich ist«.[90]

Das Gesundheitssystem hat jedoch ein großes Problem, das nicht durch alltägliches klimafreundliches Handeln gelöst werden kann: Es ist auf Profit ausgelegt. Krankenhäuser müssen Gewinne erwirtschaften, um profitabel zu sein.[91] Patient:innen werden operiert, obwohl eine andere Therapie für sie geeigneter wäre, einfach weil der Krankenhausmanager der Chefärztin mitgeteilt hat, es fehle noch eine Knie-OP für das laufende Jahr. Dieses Vorgehen wird unter anderem durch Fallpauschalen und Mindestmengenregelungen und die Privatisierung von Krankenhäusern gefördert. Werner Bartens beschreibt in einem Artikel der *Süddeutschen Zeitung* das deutsche Gesundheitssystem als vollkommen heruntergewirtschaftet. Er schreibt: »Ein elementarer Kernbereich der Daseinsfürsorge ist verkommen zu einem Industriezweig, übrigens dem umsatzstärksten im ganzen Land neben der Automobilindustrie.«[92] Dem ist nichts hinzuzufügen.

Bei der Feuerwehr käme wohl niemand auf die Idee, ein Feuer zu legen, nur um Geld mit dem Löschen verdienen zu können. Und man mag es sich kaum vorstellen, wenn Polizist:innen eine Mindestmenge an wöchentlichen Festnahmen verzeichnen müssten. Warum muss nun ausgerechnet mit unserer Gesundheit Geld erwirtschaftet werden? So sind etwa acht von zehn Rückenoperationen unnötig[93] und vermutlich auch 90 Prozent der Eierstockoperationen und Schilddrüsenoperationen.[94] »Wir gehen davon aus, dass bis zu 30 Prozent der medizinischen Leistungen in westlichen Industrieländern auf Überversorgung entfallen«, sagt Prof. Dr. Wendy Levinson, Gründerin und Leiterin von Choosing Wisely International, einer ärztlichen Bewegung, die sich dafür einsetzt, dass weniger fragwürdige Behandlungen und Operationen an Patient:innen durchgeführt werden.[95] Wer sich also vor einer Operation eine Zweit- oder Drittmeinung einholt, tut nicht nur etwas für die eigene Gesundheit und schützt sich selbst vor unnötigen Eingriffen oder Komplikationen, sondern betreibt aktiven Klimaschutz.

Da ich nicht nur für den Klimaschutz brenne, sondern mich bei Mother Hood e.V. ehrenamtlich für eine bessere und frauenzentrierte Geburtshilfe einsetze, hier noch etwas zum Stand in der Geburtshilfe: In Deutschland liegt die Kaiserschnittrate derzeit bei knapp 30 Prozent, eine Verdopplung, wenn man von den 1990er-Jahren ausgeht, als sie nur 15 Prozent betrug. Die WHO empfiehlt eine Rate von maximal 10 bis 15 Prozent. Doch durch übereifriges Handeln (siehe Seite 44) und Zeit- sowie Kostendruck (Gründe siehe oben) läuft kaum mehr eine Geburt ohne jegliche Interventionen ab – eine unkomplizierte, spontane Geburt, wie sie theoretisch die Regel sein könnte, ist nämlich leider nicht lukrativ. Daher wird immer häufiger in den Geburtsprozess eingegriffen, er wird beschleunigt, standardisiert und technisiert. Aus dem Gebären, einer fraueneigenen Kernkompetenz, wird so ein frauenverachtendes Feld für Profit. Frauen werden schlecht betreut, übereilig aufgeschnitten und ihr Recht auf körperliche Unversehrtheit oft verletzt. Wenn sich trotz dieser versuchten Effizienzsteigerungen Geburtenstationen irgendwann gar nicht mehr lohnen, werden sie geschlossen. Dass Frauen in manchen Regionen Deutschlands dann über eine Stunde zum nächsten Kreißsaal fahren müssen, interessiert momentan weder Krankenhausträger noch Politik genug, um etwas an der Situation zu ändern.

Diese Vorgänge sind Alltag in deutschen Kliniken. Nicht nur die betroffenen Frauen nehmen Schaden, sondern auch die Gesellschaft kommt langfristig dafür auf, dass Krankenhäuser Profit machen »müssen«. Denn Operationen wie ein Kaiserschnitt und sonstige Eingriffe wie Dammschnitte ziehen oftmals einen Rattenschwanz an Folgebehandlungen nach sich. Manchen Frauen werden die Babys so aus dem Leib »geprügelt«, dass dadurch Teile ihres Beckenbodens abreißen oder schwer geschädigt werden; sie müssen dann nach der Geburt versuchen, jemanden zu finden, der sie irgendwie wieder zusammenflickt – physisch wie psychisch. Die Kosten dafür werden von der Gesellschaft getragen, der Profit jedoch wird von Krankenhausbetreibern und ihren Aktionären eingefahren.

Was wir neben klimaneutralen oder zumindest nicht mehr so klimaschädlichen Krankenhäusern und Arztpraxen dringend brauchen, ist eine wirklich menschenorientierte Gesundheitspolitik. Das ist zum einen das einzig ethisch Vertretbare – auch dem Personal gegenüber, das dann erstens besser bezahlt werden könnte und zweitens wieder mehr Zeit für die eigentliche Arbeit hätte. Und zum anderen langfristig für die Gesellschaft am günstigsten und am besten für unser Klima.

Mehr Informationen zu diesem Thema findest du auf den Seiten von Mother Hood e.V.[96] und Gerechte Geburt.[97]

11

MEINE FAIL-EXPERIMENTE MIT NACHHALTIGKEIT

Bitte nicht nachmachen – das könnte die Überschrift sein, die über den meisten meiner Beispiele aus dem Alltag stehen könnte. Denn hier zeige ich auf, wie schief manches gut gemeinte Nachhaltigkeitsprojekt von mir in der Vergangenheit gegangen ist.

Wie eingangs erwähnt, war ich besonders in der Anfangszeit meiner »Ich-lebe-fortan-nachhaltig«-Mission voller Tatendrang. Ich probierte alles aus, was in Öko- und Zero-Waste-Ratgebern empfohlen wurde. Leider entstand bei den meisten Projekten nichts als Frust und schlechte Laune – der Tatendrang entpuppte sich als blinder Aktionismus. Mehr von diesen Geschichten, deren Nachahmung nicht zu empfehlen ist, gibt es auf meinem Blog unter nochnichtnachhaltig.de.

Waschmittel ganz einfach selber machen? Warum ich Kastanien nur noch zum Basteln zu sammle

Bilder: Helin Loik-Tomson

Abbildung 17
Verpackungsfreies Waschen mit Kastanien. So einfach und schön, wie es hier aussieht, fand ich es nicht …

In einem Buch hatte ich gelesen, man müsse lediglich etwa 12 Kilo Kastanien sammeln, um einen Jahresvorrat an Waschmittel herstellen zu können. Und alles klang machbar, weil sehr simpel: Man müsse sie nur sammeln, schreddern, zum Trocknen ausbreiten, und schon hätte man einen umweltfreundlichen Jahresvorrat an Waschmittel. Und das kostenlos. Ich war vollends begeistert. Zusammen mit unserem damals einjährigen Kind zogen wir in den nächstgelegenen Park und sammelten, was das Zeug hielt. Leider hatte es einen Tag davor geregnet, aber wir breiteten die Kastanien zu Hause vor der Heizung aus und trockneten sie gut ab. Am nächsten Tag wollte ich sie schreddern, schaffte es jedoch zeitlich nicht. Der Tag darauf war auch schon voll mit anderen Dingen. Einen weiteren Tag später hatten wir 12 Kilo verschimmelte Kastanien zu Hause. Daher kamen sie in die Biotonne, und wir sind schnell noch mal in den Park. Ein paar waren dort noch übrig geblieben. Diesmal trockneten wir sie direkt ab und schredderten sie noch am selben Abend. Das ging im Mixer, aber nur portionsweise. Und das war unfassbar laut. So laut, dass unser Kind dauernd davon aufwachte. Also hörte ich nach einem Kilo auf und sagte mir, dass ich am nächsten Tag weitermachen würde. Dann aber hatten wir die Schwierigkeit, dass mein Mann unterwegs war. Alleine mit meiner Tochter konnte ich die Kastanien nicht schreddern, es wäre zu laut für sie gewesen. Also wartete ich noch einen Tag. Und wurde langsam etwas nervös: Wie ich wusste, drohte Schimmel. Den nächsten Tag schaufelten wir uns so frei, dass ich immerhin 5 Kilo Kastanien schreddern konnte. Doch es waren so viele, dass ich gar nicht wusste, wohin damit. Ich verteilte sie auf alle Schüsseln und Töpfe, die wir hatten. Laut Anleitung musste man sie auf einer großen Decke zum Trocknen ausbreiten. Mit Krabbelkind war das leider nicht wirklich praktikabel. Wir stellten sie rund um die Heizung auf und hofften, dass sie schnell genug trocknen würden. Im Verlauf der nächsten Tage verloren wir zwei unserer Plastikschüsseln, weil die Kastanien so geschimmelt hatten, dass wir die Schimmelflecken nicht mehr rausbekamen. Die restlichen 6 Kilo Kastanien, die noch aufs Schreddern warteten, verschimmelten derweil in unserem Schlafzimmer in einem Baumwollbeutel, den wir erst nach zwei Wochen wiederfanden. Die Kastanienzeit war nun leider vorbei – und ich war unglaublich frustriert.

Ein Jahr später beschloss ich, es nochmals zu versuchen. Dieses Mal würde ich sie alle ausbreiten und trocknen lassen. Unser mittlerweile zweijähriges Kind half ganz begeistert beim Sammeln mit, wollte jedoch mehr Kastanien selber behalten. Doch auch dieses Mal verschimmelten alle Kastanien, obwohl wir sie ausgebreitet hatten.

Ein Jahr später versuchte ich es nochmals und schwor mir, dass es das letzte Mal sein würde. Ich hätte heulen können, als mir die Kastanien wieder verschimmelten, denn ich sah mich dazu verdammt, mein Leben lang Waschmittel in Plastikbehältern kaufen zu müssen – und genau das wollte ich doch unbedingt vermeiden.

Bilder: Monkey Business

Abbildung 18
Am allerbesten ist es, ökologisches Waschmittel zu kaufen. Manchmal gibt es das auch unverpackt: entweder im Unverpackt-Laden oder im lokalen Bioladen nachfragen, zum Teil kann man sich auch dort etwas aus einem großen Kanister abfüllen lassen. Wenn das nicht möglich ist, am besten Waschpulver im dünnen Beutel oder im Karton kaufen. Flüssigwaschmittel in der Plastikflasche hat im Vergleich die schlechteste Ökobilanz.[98]

Anfangs habe ich mich tierisch geärgert und mich für unzulänglich gehalten, diesen ultimativen Ökogeheimtipp nicht umsetzen zu können. Nach einem kleinen Umweg über Efeublätter (man reiße vor jedem Waschgang etwa 10 bis 15 mittelgroße Efeublätter ab, stecke sie in eine alte Socke, knote sie zu und stecke sie mit der Wäsche in die Waschmaschine) sind wir wieder bei herkömmlichem Waschmittel angelangt. Denn ich wollte weder verschimmelte Kastanien noch Wäschestaus – die zustande kommen, wenn man immer erst Efeu ernten muss, bevor man wäscht. Heute freue ich mich über das Waschmittel, das jederzeit einsatzbereit auf der Waschmaschine steht.

Vom verpackungsfreien Haarewaschen! Wer ist alles bereit für riech- und sichtbaren Klimaschutz?

Er war zum Greifen nah: Der Moment, in dem ich meine Klimaschutzambitionen nicht nur in meinem Alltag, sondern auch in einem richtigen Job umsetzen konnte. Ich hatte ein Vorstellungsgespräch bei einem Umweltinstitut bekommen und war begeistert. Doch schon tauchte das erste Problem auf. Was würde ich anziehen? Und was zur Hölle sollte ich mit meinen Haaren machen?

Wer mich kennt, weiß, dass ich nie viel Wert auf schicke und ordentliche Kleidung gelegt habe. Früher aus finanziellen, später auch aus Umweltgründen. Und zwei Wochen vor der Einladung zum Vorstellungsgespräch hatte ich zudem noch angefangen, endlich auf Shampoo in Plastikflaschen zu verzichten. Da gab es nämlich so viele tolle und umweltfreundliche Alternativen: Olivenölseife, festes Shampoo, selbst gemachtes Roggenshampoo, Apfelessig als Ersatz für die Spülung …

Ich war gleich aufs Ganze gegangen und hatte begonnen, nur noch selbst gemachtes Roggenshampoo (man verrühre Roggenmehl mit Wasser zu einem matschigen Brei) in Kombination mit Apfelessig zu benutzen. Und entgegen allen Beteuerungen derer, die diese Rezepte verbreiteten, dass das richtig toll funktionieren würde, begann man zu sehen, dass ich etwas verändert hatte. Zum ersten Mal in meinem Leben erlebte ich das Phänomen von fettigen Haaren am eigenen Leib. Was nun tun mit Blick auf das bevorstehende Vorstellungsgespräch? Ich wollte doch das Klima retten und hatte mir geschworen, auf Plastikverpackungen zu verzichten (und im besten Fall auch auf die Kartonverpackung, in der festes Shampoo verpackt ist). Ich recherchierte online und las, dass sich die Haare erst langsam an das neue Waschritual gewöhnen müssten. Doch dieses »langsam gewöhnen« ging in meinem Fall deutlich *zu* langsam. Nach viel

Überlegen und Hadern entschloss ich mich dann einen Tag vor dem Vorstellungsgespräch dazu, meine Haare doch mit normalem Shampoo zu waschen. Ich wollte schließlich nichts riskieren ;)

Mein Mann – sonst eher aufgeschlossen meinen Experimenten gegenüber – hatte von Anfang an klargemacht, dass er um keinen Preis Roggenshampoo benutzen würde, und hatte noch sein herkömmliches Flüssigshampoo. Und sosehr ich mein Umweltbewusstsein zelebrierte, sosehr genoss ich dieses luxuriöse Haarewaschen. Und das Beste: Das ewige Auskämmen der mikroskopisch kleinen und extrem penetranten Roggenschüppchen danach fiel weg.

Nachmittags bemerkte ich dann noch, dass ausgerechnet die Schuhe, die ich anziehen wollte, dreckig waren. Ich warf sie in die Waschmaschine und stellte sie vor die Heizung. Doch am Montagmorgen waren sie immer noch nicht trocken. Also stellte ich mich ins Bad und föhnte meine Schuhe. Mein Mann schüttelte den Kopf und sagte nur: »Das, was du da gerade tust, ist nun wirklich nicht gut fürs Klima. Zieh doch einfach andere Schuhe an. Dafür müssen die doch Verständnis haben.« Doch ich wollte auf keinen Fall meine ausgelatschten und dreckigen Turnschuhe anziehen, die ich sonst immer zum Feiern anzog. Wenn man nah genug heranging, rochen die sogar ein bisschen nach abgestandenem Bier. So föhnte ich weiter meine Schuhe, bis ich plötzlich merkte, dass ich schon viel zu spät dran war. Mit meinen noch feuchten Schuhen musste ich a) mit dem Auto und b) viel zu schnell fahren, um noch pünktlich zu kommen. Ich fühlte mich einfach nur total bescheuert. Während ich betete, dass ich gut durchkommen würde, überlegte ich:

Würde es in Zukunft vielleicht akzeptiert werden, wenn jemand (zum Wohle des Klimas) ab und zu später oder mit dreckigen Schuhen und eher ungewaschenen Haaren zu einem Vorstellungsgespräch kommt?

Weil es meiner Meinung nach vorerst nicht danach aussah, wurde mir klar, dass ich eindeutig an meinem Zeitmanagement arbeiten musste.

Darüber hinaus war dies der Auslöser dafür, dass ich bis heute meine Haare wieder »normal« wasche. Zwischendurch habe ich mal feste Shampooseife verwendet, allerdings musste ich dadurch meine Haare häufiger waschen. Mittlerweile kaufe ich silikonfreies Naturkosmetikshampoo in der großen Vorteilsflasche und verzichte auf eine Spülung. Zudem habe ich meinen Turnus angepasst und wasche mir die Haare einfach seltener, denn sie werden so zum Glück nicht mehr fettig. Dem Roggenshampoo trauere ich kein bisschen hinterher …

- In diesem Beispiel bin ich dem Phänomen der Alternativenblindheit auf den Leim gegangen. Hätte ich von Anfang an mehr an das *Weniger* statt an das *Entweder-oder* des Haarewaschens gedacht, hätte ich mir sehr viel Nerven – und vor allem Zeit – gespart.

In Japan wurde nach dem Reaktorunglück in Fukushima »Setsuden« eingeführt – eine Kampagne zum Stromsparen.[99] Dadurch wurde in Japan ein Jahr nach dem Unglück bis zu 25 Prozent weniger Strom verbraucht. Die Stromsparmaßnahmen ziehen sich durch das ganze Land und betreffen öffentliche Einrichtungen, Privathaushalte und Industrie. Getränkeautomaten werden tagsüber nicht mehr beleuchtet, Klimaanlagen werden später eingeschaltet. Seitdem gelten zudem andere Kleiderordnungen: Beispielsweise dürfen bei extremer Hitze auch Sandalen ins Büro getragen werden. So kam es, dass der damalige japanische Premier Shinzo Abe Angela Merkel und ihre Delegation ohne Krawatte empfing – denn die Klimaanlage in seinem Haus war so eingestellt, dass sie klimaschonend bis maximal 28 Grad kühlte. Es war schlichtweg zu heiß für Krawatten. Am Ende nahmen auch die Männer der deutschen Delegation ihre Krawatten ab.[100] Und auch in Spanien wurde aufgrund der drohenden Energiekrise im Sommer 2022 ein Energiesparprogramm für öffentliche Gebäude beschlossen: Unter anderem dürfen öffentliche Gebäude im Sommer nur bis 27 Grad heruntergekühlt und im Winter auf maximal 19 Grad beheizt werden.[101] (Ausgerechnet Deutschland hatte Anfang August 2022 noch kein Maßnahmenpaket beschlossen. Obwohl wir innerhalb der EU am meisten Gas sparen müssten.[102])

Vom umweltfreundlichen Zähneputzen! Wie man sich wegen 15 Gramm Plastik verrückt machen kann

Auf dem Weg in ein klima- und umweltfreundliches Leben scheint es, als würde kein Weg an Bambuszahnbürsten vorbeiführen. Wenn man dem offiziellen Rat folgt, ist alle drei Monate eine neue Zahnbürste fällig. Man stelle sich mal den Berg an Plastikzahnbürsten vor, der jedes Jahr in den Müll geworfen wird. Als bei mir der nächste Wechsel anstand, kaufte ich mir (und meinem Mann natürlich auch) die erste Bambuszahnbürste. Die Alte warf ich voller Genugtuung in den Müll. Ich war begeistert: Die Neuen sahen so schön und umweltfreundlich aus. Und sie fühlten sich so hochwertig an in der Hand. Beim Putzen begannen jedoch die ersten Probleme. Die Borsten waren zu hart. Ich versuchte nicht so fest zu drücken, und es klappte ganz gut. Mein Mann war auch recht zufrieden. Den zwei hübschen Bambuszahnbürsten in unserem Zahnputzbecher ging es gut. Doch dann begannen ihre Griffe zu schimmeln, weil der Zahnputzbecher unten feucht war. Was nun? Wegwerfen, ignorieren oder irgendwie den Schimmel entfernen? Ich entschied mich für Letzteres und begann, die Zahnbürste mit Essigessenz zu behandeln. Das klappte halbwegs. Als dann nach etwa zwei Monaten auch noch der Bürstenkopf anfing, dezente schwarze Flecken zu bekommen, entschied ich mich, die Zahnbürste sofort wegzuwerfen. Was zum nächsten Problem führte: Die Borsten waren aus Nylon und konnten gar nicht kompostiert werden. Ich hielt das für einen schlechten Witz ... doch auf der Herstellerwebsite wurde tatsächlich gesagt, man könne die Borsten entweder auszupfen oder den Kopf separat entsorgen. Also versuchte ich irgendwie die Borsten auszureißen, was nicht wirklich gelang, sondern nur dazu führte, dass sich kleinste Borstenteile nun überall auf meinem Badezimmerfußboden verteilten. Mikroplastik at it's best ... Also doch den Kopf separat entsorgen? Nur wie sollte ich das in unserer Wohnung bitte anstellen? Mal eben die Säge rausholen (die wir nicht haben) und auf unserer imaginären Werkbank durchsägen? Ein Brotmesser nehmen und so lange drauf herumhacken, bis der Kopf ab ist? Ich war wahnsinnig genervt und warf die Zahnbürste einfach in den Restmüll. Eine bessere Zahnbürste musste her!

Also recherchierte ich (lange!!!) und kaufte mir (und natürlich meinem Mann, ob er nun wollte oder nicht) die wohl plastikfreiste und nachhaltigste Zahnbürste, die es auf dem Markt gibt. Eine Miswak-Zahnbürste der Firma Swak (Miswak ist die Wurzel eines Baumes, der viele antibakterielle und sonstige Stoffe enthält, auch Zahnbürstenbaum genannt). Sie besteht aus einem Griff aus biobasiertem Kunststoff, in den man ein kleines Miswakstück hineinschraubt. Und das Tollste daran war: Das Ganze funktionierte ohne Zahnpasta. Ich freute mich wie ein kleines Kind, als die Zahnbürsten ankamen, und putzte mir direkt die Zähne. Mittags. Das hatte ich noch nie gemacht ;) Das Ergebnis war tatsächlich verblüffend gut. Man feuchtet das Miswakstück an und putzt dann ganz sanft jeden Zahn einzeln. Das schont das Zahnfleisch total. Außerdem muss man dabei nicht über dem Waschbecken stehen, weil man sonst alles mit Zahnpasta volltropft, sondern kann gemütlich auf dem Sofa sitzen oder im Bett liegen. Die ersten zwei Wochen war ich so begeistert davon, dass ich sämtlichen Leuten, die es hören wollten (und nicht hören wollten), dazu riet, diese Zahnbürste zu kaufen (einige davon taten es tatsächlich auch – Entschuldigung!!!). Doch dann fing es irgendwie an zu nerven. Es dauerte einfach sooo lange, und man konnte nicht mal schnell einfach kurz Zähneputzen. Das führte dann manchmal dazu, dass ich abends (aus Versehen natürlich ...) einschlief, ohne die Zähne geputzt zu haben, weil ich mich einfach nicht aufraffen konnte. Ich war etwas frustriert, war diese Zahnbürste doch so vielversprechend gewesen. Ich gab aber nicht auf und hielt weiter durch; mein Mann jedoch schien sich irgendwie gar nicht mehr die Zähne zu putzen (irgendwann entdeckte ich die Plastikzahnbürste, die er auf unserem Kleiderschrank versteckt hielt. Er hatte sich damit ein halbes Jahr lang abends heimlich die Zähne geputzt, für morgens hatte er eine im Büro deponiert). Auch wenn es etwas anstrengend war, freute ich mich beim Wechseln des Holzstücks immer über den minimalsten Biomüll, den ich dadurch produzierte. Doch da kam ich gleich zum nächsten Problem: Ich musste die Köpfe dauernd wechseln. Ein Kopf kostet rund 3,30 Euro das Stück, in der Vorteilspackung sind sie etwas günstiger. Doch statt versprochene acht Wochen zu halten, fing der Kopf bereits nach spätestens zwei bis drei Wochen an auseinanderzufallen. Hardcore-Öko wie ich damals war, nahm ich es hin, denn öko sein hat halt seinen Preis. Doch nach etwa einem halben Jahr und ständig notwendigen Nachbestellungen hatte ich irgendwann die Schnauze voll. Zur gleichen Zeit begann ich, unseren Keller auszumisten, und entdeckte meine alte elektrische Zahnbürste mit zwei original verpackten Wechselköpfen. Halleluja! Ich lud sie auf, und sie funktionierte tatsächlich noch. Erleichtert verstaute ich meine Miswak-Zahnbürste im hintersten Eck vom Schrank (mein Mann legte seine – sehr erleichtert – dazu und freute sich, nicht mehr heimlich Zähne putzen zu müssen). Nun war das Zahnbürstendilemma für mindestens sechs Monate vorbei – bis der nächste Bürstenwechsel anstand. Bis dahin hatte ich zum Glück bemerkt, dass es nicht unbedingt auf Zahnbürsten ankommt, wenn man etwas für den Klimaschutz tun will.

Ich war auf einen ganz klassischen Fehler hereingefallen. Einmal natürlich gutes Marketing, und außerdem hatte ich lediglich auf Relationen geschaut. Die Miswak-Zahnbürste reduzierte meinen Plastikmüll zur bisherigen Alternative um ca. 99 Prozent. Was nach einer Wahnsinnseinsparung klingt, sind, in absoluten Zahlen ausgedrückt, jedoch lediglich 59,4 Gramm Plastik im Jahr.

- Wenn es um die Neuanschaffung eines Produkts geht oder Vor- und Nachteile abgewogen werden müssen, sollten wir daher unbedingt in absoluten Zahlen denken. Es spricht nichts gegen Zahnbürsten aus Rezyklat oder Bambus. Nur damit allein leistet man fast keinen Beitrag zur Müllvermeidung.

#sosustainable: Alles nachhaltig im Shoppingparadies?

Kennst du das auch? Eigentlich wolltest du nur ein T-Shirt kaufen, doch plötzlich hast du noch fünf andere Sachen im Warenkorb. So geht es mir ständig, vor allem bei den vielen nachhaltigen Onlineshops, die es mittlerweile gibt. Letztens zum Beispiel brauchte ich ein neues T-Shirt und für die Kinder neue Hosen. Dafür scrollte ich mich eben mal so durch den Onlineshop. Ich staunte und fand allerhand Sachen: einen fair produzierten Katzenkorb aus Biobaumwolle, eine Aufbewahrungsbox für Kopfhörer aus biobasiertem Kunststoff, Bienenwachstücher als Alternative zu Tupperdosen, Tücher aus Biobaumwolle, die nicht nur nachhaltig sind, sondern auch so aussehen …

Während ich der Werbung bei konventionellen Produkten meistens gut widerstehen kann, bröckelt mein Widerstand bei nachhaltigen und fairen Produkten sehr schnell. Ich will doch schließlich das Klima retten. Muss ich dafür nicht bestens ausgestattet sein? Lässt es sich nicht viel nachhaltiger leben, wenn man sein Essen in hübsche Wachstücher packt statt in die alten, spießigen Tupperdosen? Kann man der Welt da draußen nicht viel besser zeigen, wie unglaublich wichtig einem der Klimaschutz ist, wenn man alle Plastikboxen durch Glasbehälter ersetzt? Und die Katzen könnten auch ein standesgemäßes Schlafplätzchen gebrauchen …

Prinzipiell bin ich wirklich froh um die immer größer werdende Konkurrenz, die herkömmliche Produkte bekommen. Doch wenn wir die große Produktvielfalt sehen, können wir schnell auf einen komischen Gedanken kommen: Es wäre doch eigentlich ganz einfach, ein nachhaltiges Leben zu führen und endlich was gegen die Klimakrise zu tun, wir müssen einfach nur … Nein, eben nicht. Wir müssen keine teuren Dinge kaufen, nur weil sie »nachhaltig« sind. Das nachhaltigste Produkt bleibt das, das nicht gekauft wird. Mit Blick auf den Katzenkorb: Einen einfachen gebrauchten Pappkarton finden sie genauso kuschelig. Und brauchen wir für unsere Kopfhörer wirklich eine Aufbewahrung? Bevor wir uns in die Tiefen der nachhaltigen Onlineshops stürzen, müssen wir uns über Folgendes klar werden: Auch diese Shops wurden nicht konzipiert, um die Welt zu retten, sondern um Umsatz zu generieren. Und so folgen wir nicht unserem Weltrettungsinstinkt, wenn wir dort einkaufen, sondern erliegen hauptsächlich den schönen Fotos und Marketingtricks. Kluges und bewusstes Konsumieren wird so fast zu einer Kunst.

- Wir können natürlich weiterhin nachhaltige Produkte kaufen, auch wenn sie teuer sind. Wenn wir etwas tatsächlich brauchen, ist die nachhaltige Variante davon meistens besser (sofern wir sie uns leisten können). Häufig eine gute Alternative: Dinge gebraucht zu kaufen.

Mittlerweile habe ich die Regel etabliert, Dinge, die ich gerne kaufen möchte, zunächst einfach zu notieren und frühestens eine Woche später zu kaufen. Sonst wären nicht nur unsere Küchenschubladen um ein paar Utensilien voller. Ja, wir könnten theoretisch einen Katzenkorb gebrauchen. Und auch die Bienenwachstücher sind bestimmt praktisch. Doch brauche ich sie wirklich? Nein. Unsere Katzen liegen immer bei uns in der Nähe, vorzugsweise auf uns. Auch ein teurer Korb wäre nach spätestens vier Wochen so verhaart, dass er jeglichen Charme verloren hätte.

Shit happens: Aus dem Scheitern lernen

Auch wenn du täglich das Gefühl hast zu scheitern, mal mehr, mal weniger, lass dich davon nicht entmutigen. Wenn ich nicht mehrmals kläglich gescheitert wäre, aus Kastanien Waschmittel herzustellen, dann würde ich heute vielleicht denken, dass ich die Welt dadurch verbessere, und mich auf diesem »Erfolg« ausruhen. Frage dich stattdessen: Warum scheitere ich? Was kann ich daraus lernen? Bin ich zu blöd, weil ich es nicht schaffe, alles unter einen Hut zu bringen? Oder nehme ich mir zu viel vor? Setze ich die falschen Prioritäten? Indem wir scheitern, lernen wir. Wir können und müssen nicht alles gleichzeitig schaffen. Stattdessen müssen wir lernen, unsere Prioritäten richtig zu setzen und unser Leben und unseren Alltag an unsere Bedürfnisse anzupassen. Ich habe durch meine Jahre der gescheiterten Zero-Waste-Versuche mehr gelernt, als ich jemals gedacht hätte. Ursprünglich wollte ich mal ein Buch über klimafreundliches Leben mit Kindern schreiben. Ich habe Tipps zusammengetragen und dann festge-

»Beim Scheitern […] stoßen wir auf eine Wirklichkeit, die wir vorher nicht kannten und die uns vor den Kopf stößt. Ist nicht das wahre Leben das, was uns überrascht, mit sich reißt und von keiner Theorie erklärt werden kann? Je schneller wir scheitern, desto früher hinterfragen wir das Leben.«
Charles Pépin (2017)

stellt, dass ich sie selbst nicht alle umsetzen konnte. Irgendwann öffnete mir die ansehnliche Reihe gescheiterter DIY-Versuche die Augen. Und gab mir die Möglichkeit, neu zu beginnen und mein Leben und meinen Alltag neu auszurichten – und stattdessen dieses Buch zu schreiben.

Scheitern mag zwar unangenehm sein, ist aber essenziell für unsere Entwicklung.[103] Viele großen Persönlichkeiten, die wir heute bewundern oder gar beneiden, sind jahrelang immer wieder gescheitert. So ist Thomas Edison, wie er selbst zu sagen pflegte, etwa tausendmal gescheitert, bevor er es endlich schaffte, die Glühbirne zu erfinden. Und doch hat er sich vom Scheitern nicht abbringen lassen und unbeirrt weiter experimentiert – so lange, bis es schließlich geklappt hat. In jedem Scheitern liegt eine Chance, und zumindest führt es immer zu dem Wissen, wie es nicht funktioniert.

Wenn wir also in unserem Alltag an vielen unserer Vorhaben, klimafreundlich zu leben, scheitern, so können wir diesem Scheitern auch mit einem dankbaren Lächeln begegnen. Und uns fragen, wie wir es dennoch schaffen können. Und vielleicht kannst du aus diesem Buch einiges an Fakten und Anstößen mitnehmen.

- Du scheiterst nicht, wenn du es nicht schaffst, ausschließlich Fahrrad zu fahren oder nie den Trockner zu benutzen. Auch wenn du ab und zu Heißhunger auf ein Steak bekommst und ihm nachgibst, scheiterst du nicht. Beginne einfach mit den kleinsten und effektivsten Baustellen in deinem Alltag, und sei nachsichtig mit dir. Vielleicht kommen andere durch dich auf die Idee, ihre Zeit zu nutzen, um die weitreichendsten Maßnahmen umzusetzen und sich nicht mit Kleinkram zu befassen. Das wäre auch ein Erfolg!

»Daraus folgt die radikale Schlussfolgerung von Bachelard, dass es ›keine Wahrheit ohne korrigierte Irrtümer‹ gibt. Unsere ersten Intuitionen sind zu naiv, um uns die Gesetze der Natur zu enthüllen. Sie zeigen, wie unser Geist funktioniert, nicht, wie die Welt funktioniert. Demnach müssen wir den illusorischen Charakter unserer ersten Intuitionen erkennen, ihr Scheitern erfahren, um uns der Wahrheit zu nähern.«
Charles Pépin (2017)

12

WIE KANN ES WEITERGEHEN?

Ist es damit getan, wenn wir selbst ein relativ klimabewusstes und glückliches Leben führen? Dürfen wir uns darauf ausruhen, während andere Menschen akut viel stärker von der Klimakrise bedroht werden und deutlich schlechtere Bedingungen haben? Wissen wir genug und tun wir als Gesellschaft genug, um die globale Erhitzung noch unter 1,5 Grad Celsius halten zu können?

Langfristig müssen wir weltweit unseren CO_2-Ausstoß auf etwa 1 Tonne pro Kopf und pro Jahr senken. So niedrig waren die Pro-Kopf-Emissionen weltweit im 19. Jahrhundert.

Liegt der Schlüssel für eine bessere Zukunft in der Vergangenheit? Sollten wir nun alle ein sehr ursprüngliches und naturnahes Leben führen?

Wie Nostalgie unsere Empfindungen beeinflusst

Wenn wir unseren heutigen CO_2-Ausstoß vor Augen haben, liegt es nahe, voller Nostalgie an die gute alte Zeit denken. Doch wie haben die Menschen denn gelebt, als sie nur 1 Tonne CO_2 verursacht haben – und wollen wir da wieder hin?

Noch vor 200 Jahren lebte etwa 1 Milliarde Menschen auf der Erde. Davon lebten ca. 90 Prozent in Armut: Sie hatten keinen Wasseranschluss, besaßen kein festes Schuhwerk, kochten an offenen Feuerstellen, aßen einfache Mahlzeiten, schliefen auf dem Boden und kamen täglich mit dem aus, was heute 1 $ pro Tag entspricht.[104] Sie kämpften jeden Tag um ihr Überleben und das ihrer Kinder. Die Lebenserwartung lag durch Hungersnöte und die hohe Kindersterblichkeit bei 40 Jahren. Das war die Realität bei den Urgroßeltern meiner Großeltern. Der deutschen Bevölkerung gelang im Jahr 1829 der Aufstieg und somit die Flucht aus der extremen Armut: Nur noch wenige Menschen schliefen auf dem kalten Lehmboden, es gab bessere Kochmöglichkeiten, und die Mahlzeiten wurden nahrhafter. Erst im Jahr 1952 hatten fast alle deutschen Häuser einen Kaltwasseranschluss, es gab bessere Transportmöglichkeiten, und die Ernährung wurde gesünder. 1976 erreichten die durchschnittlichen Deutschen einen Lebensstandard, der dem heutigen näher kommt: fließend Warmwasser im Haus, ein Auto, ein Herd und Zugang zu ausgewogenem Essen.[105]

Haben wir die Klimakrise und all ihre Bedrohungen vor Augen, können wir die hart erkämpften Errungenschaften der Generationen vor uns als Last statt als Gewinn empfinden. Dass der technische Fortschritt mit all seinen Annehmlichkeiten einem Befreiungsschlag gleichkommt, übersehen wir dann schnell. Aktuell erleben wir unter vielen Klimabewussten einen Trend hin zu einem natürlichen und ursprünglichen Leben. Wenn das bedeutet, dass viele Menschen versuchen, mit weniger auszukommen und weniger Emissionen zu verursachen, ist das wünschenswert. Was spricht schon dagegen, sich aus dem eigenen Garten zu ernähren oder komplett auf Plastik zu verzichten?

Wenn wir jedoch mit verklärtem Blick auf »die guten alten Zeiten« zurückschauen, blenden wir die harten Umstände aus, unter denen die Menschen früher so klimafreundlich gelebt haben: Entbehrungen, Krankheiten und immer gegenwärtiger Mangel waren an der Tagesordnung. Entgegen einer häufigen Annahme haben Menschen in den letzten Jahrhunderten nicht im Einklang mit der Natur gelebt, sie sind vielmehr im Einklang mit ihr gestorben.[106] Indem wir Errungenschaften der letzten Jahrzehnte verteufeln, reißen wir innerlich Brücken ein, die unsere Vorfahren für uns gebaut haben. Um die Klimakrise aufzuhalten, können wir daher schlecht Lösungen in der Vergangenheit suchen, sondern sollten unseren Blick unbedingt in die Zukunft richten.

Heute lebt die Mehrheit der Menschheit im (weltweit gesehen) mittleren Einkommensbereich und hat genug Ressourcen, um ihr Überleben als gesichert zu betrachten. Nur noch 10 Prozent der Menschen leben in extremer Armut.

Ein dichtes Dach über dem Kopf zu haben, ausgewogen essen zu können und Warmwasser zu haben sind Privilegien, die, denke ich, kaum jemand eintauschen möchte, trotz des CO_2-Ausstoßes, der damit verbunden ist. Doch wie sieht es mit allen weiteren Errungenschaften aus? Können wir uns mit einer solchen Stufe zufriedengeben, oder wollen wir immer weitere Stufen auf der Wohlstandstreppe erklimmen? Ist ein eigenes Auto ein Menschenrecht? Die jährliche Fernreise? Uns muss klar sein: Derzeit warten über sechs Milliarden Menschen darauf, irgendwann ebenfalls den Lebensstandard der reichsten Länder zu erreichen. Sie werden keine Chance zum »Aufstieg« ungenutzt lassen (und das auch zu Recht). Um zu verhindern, dass sie auf dem Weg zu mehr Wohlstand die gleichen Klimasünden begehen wie wir, müssen wir dafür sorgen, dass die klimafreundlichste Art der Energieerzeugung gleichzeitig auch die günstigste ist.[107]

Künstliche Verknappungen und eine angemessene Bepreisung von CO_2 werden daher ein essenzieller Teil der Klimalösung sein. So handeln wir auch nicht wider unsere Natur, wenn wir ökologisch wohnen oder auf einen Flug verzichten, sondern bewegen uns in dem für uns persönlich möglichen und günstigsten Rahmen. Klimaschutz muss zur Norm werden!

Langfristig muss es darauf hinauslaufen, dass wir Ressourcen und Privilegien gerechter verteilen. (Das könnte z. B. durch eine Transformation der Arbeitswelt funktionieren, wie auf Seite 85 beschrieben.) Das würde nicht nur dem Klimaschutz dienen, sondern auch unser aller Zufriedenheit, denn: Je weniger soziale Ungleichheit es innerhalb einer Gesellschaft gibt, umso glücklicher sind ihre Menschen.[108]

Die reichsten Länder, so auch Deutschland, sind den Ländern mit geringerem Wohlstand um Jahrzehnte voraus, was die Verursachung von CO_2 angeht. So lag Chinas Pro-Kopf-Ausstoß bis 1970 noch unter einer Tonne CO_2.[109] Auch heute noch hat China einen geringeren Pro-Kopf-Ausstoß als Deutschland. Doch wenn es in Diskussionen um die Klimaschutzbemühungen der verschiedenen Länder geht und darum, wer wie viele CO_2-Emissionen verursacht, kommt immer wieder der Instinkt der Schuldzuweisung zum Tragen.[110] Dieser – teilweise gepaart mit einer gewissen Unfähigkeit, den Klimaschutz wirklich ernst zu nehmen – verleitet immer wieder hochrangige Politiker dazu, die eigenen Bemühungen zu überschätzen und mit dem Finger auf andere Länder zu zeigen, nach dem Motto: »Wir tun schon viel fürs Klima. Deutschland kann die Welt nicht alleine retten!«[111] Solche Äußerungen sind zum einen nicht zielführend und zum anderen schlichtweg falsch.[112] Die USA und die EU allein sind für über 50 Prozent der CO_2-Emissionen verantwortlich, die zwischen 1850 und 2011 ausgestoßen wurden; China lediglich für 11 Prozent.[113] Wir als Nation haben die Klimakrise mit verursacht. Statt mit dem Finger auf andere Menschen zu zeigen und ihnen das Recht abzusprechen, irgendwann wie wir leben zu können, müssten wir eher zu folgendem Schluss kommen: »Wir können nicht weiter wie wir leben«[114], denn:
Wir gehören zu den stärksten Emittenten. Wir sind in einer Bringschuld. Demnach müssen wir auch viel leisten.

Klimaschutz muss endlich überall oberste Priorität haben

In der Vergangenheit finden wir keine tragfähige Lösung für die Klimakrise. Zudem liegt auf der Hand: Allein durch Verzicht und eine Änderung unserer Gewohnheiten erreichen wir nicht die erforderliche Reduktion unseres CO_2-Ausstoßes auf eine Tonne, zumindest nicht ohne extrem einschneidende Verzichte (die allerdings für die Masse der Menschen nicht infrage kommen, erst recht nicht aus freien Stücken).

Werden wir ständig mit zukünftigen Horrorszenarien konfrontiert, geraten wir schneller in Panik. Dass wir im Panikmodus selten kluge Entscheidungen treffen, zeigen viele Beispiele in diesem Buch. Deshalb brauchen wir dringend mehr Regulation von oben, denn: Um unser Verhalten zu ändern, müssen sich die Verhältnisse ändern.[115] Wenn sich Politiker:innen dem konsequenten Klimaschutz verpflichten und klimafreundliche Rahmenbedingungen schaffen, nehmen sie sehr viel Druck und Verantwortung von unseren Schultern. Viel zu oft heißt es, wir als Verbraucher:innen hätten die Macht und müssten entsprechend bewusste Entscheidungen treffen. Aber erstens entscheiden sich nur die allerwenigsten beim täglichen Konsum nach ihren Werten und ihren eigentlichen Vorstellungen.[116] Und zweitens könnten wir uns viel Zeit für aufwendige Recherchen sparen, wenn es ausschließlich klimafreundliche Produkte gäbe – oder schädliche Produkte so teuer wären, wie sie letztlich alle teuer zu stehen kommen. Solange die Politik noch keine angemessenen Rahmenbedingungen geschaffen hat, müssen wir auf diese Missstände aufmerksam machen und – soweit es uns möglich ist – mit gutem Beispiel vorangehen.

Wie schön es doch wäre, gäbe es für die Herstellung sämtlicher Produkte striktere Vorschriften oder auch einen verpflichtenden Hinweis auf den CO_2-Fußabdruck und zu den Produktionsbedingungen. Mich ständig durch den Dschungel an Produkten zu kämpfen und die wirklich nachhaltigen Produkte von denen mit leeren Versprechungen zu unterscheiden kann ganz schön anstrengend sein – Stichwort: kognitive Ermüdung!

Bisher sind Gesetze und Maßnahmen, die ganz offensichtlich die Klimakrise eindämmen würden, keineswegs Standard, eher im Gegenteil. So werden jedes Jahr weltweit etwa 1,8 Billionen US-Dollar für Subventionen bezahlt (unter anderem Förderung von fossilen Brennstoffen, Landwirtschaft), die nachweislich die Zerstörung der Umwelt und das Fortschreiten der Klimakrise befeuern.[117] Das ist ein Anteil von etwa 2 Prozent des weltweiten Bruttoinlandsprodukts. Dass auf der einen Seite über Einwegartikel aus Plastik debattiert wird und sie schlussendlich verboten werden (wie Trinkhalme, die insgesamt wohl kaum ins Gewicht fallen), auf der anderen Seite jedoch dubiose und klimafeindliche Praktiken weiterhin gefördert werden, wie der Braunkohleabbau, passt einfach nicht zusammen und muss sich in Zukunft dringend ändern.

Voraussichtliche Lieferung: September 2023. Wer sich im Sommer 2022 ein neues Fahrrad oder Ähnliches kaufen wollte, sah sich mit extremen Lieferengpässen konfrontiert. Lange Zeit wurden die Globalisierung und die Produktion in Fernost als *der* Sicherheitsgarant für stabile diplomatische Beziehungen gesehen. Dass wir uns da getäuscht haben, beweist der russische Angriffskrieg deutlich. Dass wir unabhängiger von weit verzweigten Lieferketten werden müssen, hat sich nun schmerzhaft bewahrheitet.

Ein Ansatz, der viele Fliegen mit einer Klappe schlägt, ist die Kreislaufwirtschaft. So können wir uns von einem linearen Wirtschaftsmodell wegbewegen, das auf billigen Materialien und billiger Produktion basiert. Und hin zu einem nachhaltigen und wertschöpfenden System. Während heute allein die Produktion neuer Materialien für 45 Prozent der CO_2-Emissionen verantwortlich ist, könnten wir durch Kreislaufwirtschaft die Abfallquote um bis zu 47 Prozent senken – und entsprechend viele Emissionen einsparen. Profitieren würden wir gleich doppelt: Denn Produkte würden dadurch langfristig haltbarer und so, insgesamt gesehen, günstiger. Bis 2050 soll innerhalb der Europäischen Union eine CO_2-neutrale Kreislaufwirtschaft erreicht werden.[118]

Sollte zukünftig ein – dringend notwendiger – Wandel unserer Konsumkultur aus Geld- und Klimaschutzgründen zur Norm werden, muss zudem eine politische Lösung gefunden werden: Es kann nicht sein, dass unter dem zwangsläufigen Rückgang der Wirtschaftsleistung wieder die am meisten leiden, die bisher am wenigsten zur Klimakrise beigetragen haben, weil sie im Verhältnis über die geringsten Mittel verfügen.[119]

Für die Zukunft: Keep calm and mind the gap

Wenn wir der Überzeugung sind, dass wir persönlich unsere Emissionen so niedrig wie möglich halten, stellt sich unter Umständen das Gefühl ein, dass wir nichts weiter tun müssen. Aber die Klimakrise passiert, und nicht unser Gefühl »viel getan oder auf genug verzichtet zu haben« bestimmt über das Ausmaß der Erwärmung, sondern wie viel die Menschheit jetzt *tatsächlich* tut.

Auch wenn wir alle unsere Denkmuster im Blick, unsere Abläufe optimiert, Entscheidungen mit Kettenreaktion priorisiert haben und auch sonstige Einzelentscheidungen mit Bedacht treffen, sind wir niemals davor gefeit, Fehler zu machen. Solange unsere Emissionen lediglich eine Schätzung von uns und nicht klar messbar sind, sind wir anfällig für Fehler bzw. Fehlentscheidungen. So kann es uns passieren, dass wir mit bestem Gewissen vorgeben, für unsere Verhältnisse maximal klimafreundlich zu leben, obwohl wir in einigen Bereichen unseres Lebens mehr als über die Stränge schlagen. Das passiert häufig schlicht und ergreifend, weil wir es nicht besser wissen (oder es in manchen Fällen nicht wahrhaben wollen). Wenn wir also den Klimaschutz vorantreiben und die Klimakrise ausbremsen wollen, muss es uns gelingen, die Lücke des Nichtwissens und des Nichtmessbaren zu schließen. Als ich begonnen habe, dieses Buch zu schreiben, war mir zum Beispiel nicht bewusst, wie hoch die Bedeutung unserer Ozeane für die CO_2-Bindung ist. Eine Wissens- und damit auch Handlungslücke. Sollten sich zudem die neuesten Vermutungen bewahrheiten und Mikroplastik das Eis in der Arktis noch schneller schmelzen lassen, ändert sich auch die Bewertung von Kunststoffen im Hinblick auf das Klima. Ich werde daher mein Verhalten mit Blick auf Mikroplastik noch einmal neu justieren. Fisch und Shrimps esse ich aus Tierschutzgründen zum Glück schon länger nicht mehr.

Unsere Ozeane dienen als riesengroßer Kohlenstoffspeicher: Bislang haben sie etwa ein Viertel des von Menschen verursachten CO_2 aufgenommen.[120] Durch den Einsatz von Grundschleppnetzen wird der Meeresboden aufgewühlt und darin gebundene Kohlenstoffverbindungen freigesetzt, welche dann in CO_2 umgewandelt werden. Das führt zum einen zur Versauerung der Ozeane sowie dazu, dass sie weniger CO_2 aus der Luft aufnehmen können. Damit ist der weltweite Einsatz von Grundschleppnetzen für mehr CO_2-Emissionen verantwortlich als der internationale Flugverkehr.[121] Eine weitere, noch eher unbekannte Nachricht: Erste Studien zeigen, dass Mikroplastik, das im arktischen Eis eingeschlossen ist, dieses noch schneller schmelzen lässt.[122]

Im Umgang mit der Klimakrise geht es also auch darum, unsere Fehler möglichst klein zu halten in ihrer Tragweite. Wir müssen unseren Kurs, basierend auf neuen Erkenntnissen, immer wieder korrigieren.

Was bringt uns zum Handeln?

Wenn du dein Kleinkind dabei beobachtest, wie es auf die Fensterbank klettert und das Fenster öffnet, brauchst du nicht lange nachzudenken, was du als Nächstes tust. Du rennst los und rettest dein Kind, denn es ist kurz davor, aus dem vierten Stock zu stürzen.

Du sitzt abends auf dem Sofa und lässt den Blick schweifen. Du siehst, dass du es immer noch nicht geschafft hast, abschließbare Fenstergriffe im Wohnzimmer anzubringen. Nun aufzustehen und endlich die Griffe auszutauschen würde dein Kind ebenso vor einem Sturz bewahren. Doch du hast die Gefahr nicht unmittelbar vor Augen. Sie ist präsent, es kann jederzeit dazu kommen, aber du spürst die Gefahr (noch) nicht.

Ähnlich ist es mit der Klimakrise. Sie wird kommen, sie ist bereits da. Das wissen wir. Aber glauben wir es auch wirklich? Wenn ja, würden wir nicht schon alle auf Flugreisen verzichten, kein Auto mehr besitzen, so wenig wie möglich konsumieren und uns weitestgehend vegan ernähren? Durch unsere Unfähigkeit, wirklich zu glauben, dass die Klimakrise uns – und vor allem unsere Kinder – mit voller Wucht treffen wird, treiben wir die globale Erhitzung immer weiter voran.[123] Bis es irgendwann zu spät ist.

Seit Jahrzehnten warnen Wissenschaftler:innen vor der globalen Erhitzung und dem Verbrennen fossiler Brennstoffe. Erst eine akut drohende Gasknappheit im Jahr 2022 konnte Politiker:innen in vielen Ländern dazu bewegen, nach zukunftsfähigen Alternativen zu suchen. Die derzeitige Lage hätte mit einem rechtzeitigen Ausbau der erneuerbaren Energien und einem sukzessiven Abbau der Gasabhängigkeit vermieden werden können. Die momentane Situation muss unbedingt genutzt werden, um eine klimaneutrale, zukunftsfähige Energiegewinnung voranzutreiben.

Obwohl über den Klimaschutz in den letzten Jahren zunehmend debattiert wurde – nicht zuletzt weil die Auswirkungen der Klimakrise auch bei uns nicht mehr ignoriert werden können (Flutkatastrophe im Ahrtal, extreme Hitzewellen) –, passiert nicht genug. Auch wenn andere »akutere« Bedrohungen unseren Alltag bestimmen, dürfen wir nicht zulassen, dass der Klimaschutz geringer priorisiert wird. Denn es ist längst fünf nach zwölf!

Immer wieder lesen wir von Horrorszenarien, die auf uns zukommen, wenn wir die Erwärmung nicht in den Griff bekommen. Warum fällt es uns so schwer? Warum zum Teufel lassen wir nicht alles Klimawirksame stehen und liegen? Das Problem ist: Es funktioniert nicht einfach so. Ich kann es oft nicht. Ein Beispiel: Meine Kinder wollen zum Ballett, und es hat geschneit. Ich kann nicht mit dem Lastenrad fahren. Die Öffentlichen sind keine Option in diesem Fall wegen der Anbindung. Was also tun? »Tut mir leid, meine Lieben, die Klimakrise ist real. Wir fahren kein Auto!« Kann eine solche Aussage die Lösung sein, wenn »alle anderen« auch im Kurs sein werden? Erstens würden meine Kinder später aus Rebellion bestimmt für die Erwärmung sein (nach dem Motto: »Wir wollen Palmen in unserem Garten!«), und zweitens will ich nicht den ganzen Tag nur Horrorszenarien im Kopf hin und her jonglieren und unseren Tag darauf aufbauend planen. Daher bin ich weiterhin für den Weg: schrittweiser Einstieg, bedacht und überlegt. Auf politische Veränderungen drängen. Auch wenn das heute noch keine Maximallösung darstellt und unsere Emissionen nicht genug reduziert.

Epilog

Ich habe das Buch geschrieben, das ich mir vor etwa sechs Jahren gewünscht hätte. Damals, als ich versuchte, wirklich klimafreundlich zu leben. Was hat sich in dieser Zeit für mich geändert? Wir sind klimabewusster und auch glücklicher geworden, weil wir unseren Fokus auf andere Bereiche legen. Wir setzen bei den wichtigsten Dingen im Rahmen unserer Möglichkeiten an und verbringen unsere freie Zeit mit Dingen, die so klimafreundlich wie möglich sind und die uns Spaß machen. Vom Waschmittel- und Shampoo-Anrühren haben wir uns vor langer Zeit verabschiedet.

Theoretisch könnten wir nie wieder Auto fahren oder ins Flugzeug steigen, aber in der Praxis fehlt uns der Handlungsspielraum. Einige unserer Bedürfnisse müssten wir bei diesem Szenario zu sehr außen vor lassen. Der Spagat zwischen der eigenen Anspruchshaltung und der Realität lässt sich nicht einfach so lösen. Also zwischen dem, was wir eigentlich tun *müssten,* und dem, was wir, realistisch betrachtet, tun *könnten*.

Ein klimafreundlicher Alltag will gelernt sein, es braucht etwas Zeit, um ihn zu etablieren. Unser persönlicher Anteil, den wir zum Klimaschutz beitragen können, ist sehr gering. Wir müssen uns und andere nicht geißeln, wenn wir oder sie ab und zu Dinge tun, die mit dem Klimaschutz nicht vereinbar sind, vor allem wenn es wenig Alternativen gibt. Was tun zum Beispiel, wenn wir manches nur mit dem Auto erledigen können? Eine Autofahrt verändert die Welt nicht. Unsere Überzeugung – aus der heraus wir sie nur ausnahmsweise antreten bzw. dann, wenn es nicht anders geht – jedoch schon.

Weiterlesen

In diesem Buch konnte ich viele Aspekte nur streifen und viele weitere Aspekte nicht berücksichtigen. Es ist teilweise ein sehr persönliches Buch, das auf den Erfahrungen beruht, die ich mit den gängigsten Klimatipps gemacht habe, und zeigt meinen Weg zu einem klimabewussteren Leben. Michael Kopatz nennt das Konzept, wenn klimafreundliches Handeln zur Norm wird, »Ökoroutine«. Dass es ganz einfach sein könnte für die Politik und wie wir uns das Leben leichter machen, zeigt er in diesem Buch, das uns das schlechte Gewissen nimmt und Lust macht, sich zu engagieren:

- Michael Kopatz, Schluss mit der Ökomoral! Wie wir die Welt retten, ohne ständig daran zu denken. oekom verlag, München 2019.

Mit diesem Buch kann der eigene CO_2-Ausstoß ganz konkret berechnet werden. Es wird zudem sehr detailliert aufgezeigt, wie einzelne Entscheidungen sich auf die eigene Bilanz auswirken:

- Christof Drexel, Warum Meerschweinchen das Klima retten. Einfache Strategien für eine bessere CO_2-Bilanz. Gräfe und Unzer Verlag, München 2019.

Anhand von anschaulichen und leicht verständlichen Illustrationen zeigt dieses Buch sehr viele globale Ursachen sowie Auswirkungen der Klimakrise auf:

- Esther Gonstalla, Das Klimabuch. Alles, was man wissen muss, in 50 Grafiken. oekom verlag, München 2019.

Die folgenden Bücher haben nicht direkt etwas mit Klimaschutz zu tun. Allerdings sind sie der Grund, weshalb ich dieses Buch schreiben konnte. Sie haben mir auf so vielen Ebenen die Augen geöffnet und dafür gesorgt, dass meine Familie und ich heute klimabewusster und glücklicher sind als noch vor sechs Jahren. An dieser Stelle ein herzliches Dankeschön an die Autor:innen und eine uneingeschränkte Leseempfehlung für dich:

Dieses Buch ist ein absoluter Gamechanger und hilft uns die Welt besser zu verstehen. Desweiteren zeigt es sehr anschaulich, wie sich die Weltbevölkerung langfristig entwickeln wird und dass wir keine Angst vor einer drohenden »Bevölkerungsbombe« haben brauchen.

- Hans, Ola und Anna Rosling, Factfulness. Wie wir lernen, die Welt so zu sehen, wie sie wirklich ist. Ullstein Buchverlage, Berlin 2018.

Wer gerne noch mehr über Denkfehler und Denkstrukturen erfahren möchte, findet sie hier in aller Bandbreite. (Wenn du noch mehr findest, die sich gut auf den Klimaschutz anwenden lassen, schreib mir sehr gerne):

- Daniel Kahneman, Schnelles Denken, langsames Denken. Penguin Verlag, München 2012.

Wer sich mehr mit den Abläufen bei sich zu Hause beschäftigen und den eigenen Alltag wertschöpfender gestalten will, wird an diesen beiden Büchern Freude haben (das Erste ist nur auf Englisch verfügbar):

- Eva Jarlsdotter, The Lean and Happy Home. More time, less stress. How to get your family life in order. Hodder & Stoughton, London 2020.
- Eva Jarlsdotter und Jeanette Guttenberg, Leb' doch einfach – und wie man's macht. Daughter of a King Publishing, Stockholm 2017.

Dieses Buch zeigt auf, wie Verhalten entsteht und beeinflusst wird (nicht nur praktisch für den Klimaschutz, sondern für alle Lebenslagen), und du kannst noch mehr über das in Kapitel 5 vorgestellte Verhaltensmodell erfahren.

- BJ Fogg, Die Tiny-Habits®-Methode. Kleine Schritte, große Wirkung. btb Verlag, München 2021.

Wer gerne mithilfe einer App gewisse Verhaltensweisen und Routinen etablieren möchte, kann *The Fabulous* ausprobieren (es gibt eine kostenlose Probezeit). Die App wurde von Verhaltensforscher:innen entwickelt und hilft mit wissenschaftlich fundierten Methoden, die eigenen Ziele *wirklich* zu erreichen und langfristige Routinen zu entwickeln.

Anhang

Dieses Buch ist kein Maßnahmenkatalog. Dennoch möchte ich der Vollständigkeit halber eine kleine Übersicht zu den wichtigsten Kategorien geben, grob gestaffelt nach der größten Wirksamkeit.

KOMPENSATION

- Kannst du gewisse emissionsstarke Aktivitäten nicht vermeiden? Dann kompensiere deine CO_2-Emissionen, wenn es dir finanziell möglich ist.

SICHTBARMACHUNG

- Engagiere dich für den Klimaschutz, und mache deinen Einsatz sichtbar (parke dein Lastenrad an auffälligen Orten, komm mit anderen ins Gespräch, pflanze Bäume).

WOHNEN

- Reduziere deinen Besitz, und verkleinere somit die Wohnfläche, die du benötigst.
- Dämme, wenn möglich, deine Wohnung / dein Haus.
- Wechsle zu einem Ökostromanbieter.
- Stell deine Heizung optimal ein.
- Investiere in eine effiziente Heizanlage.
- Heize und lüfte effizient.

FREIZEIT

- Hast du mehr als genug zum Leben, könntest du eine Arbeitszeitreduzierung in Erwägung ziehen.
- Auch in der Freizeit ist weniger oft mehr: »Einfaches« verursacht nicht nur weniger Emissionen, es ist oft auch stressfreier.

- Bevorzuge die Haltung von Kleintieren gegenüber Fleischfressern wie Hund und Katze (es sei denn sie sind aus dem Tierheim).

MOBILITÄT

- Nutze öffentliche Verkehrsmittel und das Fahrrad so oft wie möglich.
- Nutze, wenn möglich, Carsharing Angebote.
- Wenn du dein Auto selten nutzt, lohnt sich keine Neuanschaffung eines sparsameren Autos oder eines Elektroautos.

ERNÄHRUNG

- Iss auswärts vorwiegend vegetarisch oder vegan, um die Nachfrage zu erhöhen und den Bedarf sichtbar zu machen.
- Reduziere deinen Fleischkonsum (am besten drastisch), und beginne, Milchprodukte durch pflanzliche Produkte zu ersetzen.
- Kaufe bevorzugt biologische, regionale und saisonale Lebensmittel.

KONSUM

- »Es gibt keine nachhaltigen Produkte, sondern nur nachhaltige Lebensstile.« (Niko Paech, Umweltökonom)
- Kaufe, wenn möglich, gebraucht oder biologisch und fair.
- Nutze Nachbarschaftstauschbörsen oder die Bücherei.

URLAUB

- Fliegen sollte die absolute Ausnahme bleiben. Wer nicht darauf verzichten kann, sollte die Intervalle zwischen den Flügen Stück für Stück verlängern.

EFFIZIENZ

- Achte bei technischen Geräten auf maximale Energieeffizienz.
- Tausche Glühbirnen gegen LEDs ein.

MÜLLVERMEIDUNG

- Trinke Leitungswasser und nutze wiederverwendbare Flaschen für unterwegs.

- Gib veganen oder biologischen Lebensmitteln den Vorrang vor unverpackten Lebensmitteln.
- Kaufe lieber kleine Packungen, als ein Verderben bei Großpackungen zu riskieren. Lebensmittelabfälle wiegen schwerer als mehr Verpackungsmüll.
- Einwegglas sollte, wenn möglich, vermieden werden.
- Mach keine Religion daraus ;)

Leitfaden zum Einkaufen

- Produkte mit langer Nutzungsdauer dürfen höhere Emissionen verursachen, Produkte mit kurzer Lebensdauer, wie Verpackungen, sollten möglichst geringe Emissionen verursachen. Produkte mit langer Nutzungsdauer sollten so strapazierfähig wie möglich sein.
- Auch wenn Behälter aus Edelstahl der Inbegriff des klimafreundlichen Lebens sind: Plastik ist oftmals besser als sein Ruf.
- Vorsicht bei Upcyclingprodukten: Handelt es sich beim verwerteten Stoff wirklich um wiederverwertete Reste, oder ist es Neuware im Öko-Look? Wurde das Mäppchen wirklich aus kaputten Fahrradschläuchen hergestellt? Die Tasche aus alter LKW-Plane? Falls nein, ist es sinnvoller, ein anderes Material zu wählen.
- Zeitloses Design und Materialien, die sich gut recyceln lassen, sollten bevorzugt werden, Trend- und Saisonware vermieden.
- Produkte bekannter Marken oder Produkte mit Siegeln lassen sich oft leichter weiterverkaufen als die von unbekannteren Marken.

Fragen, die wir uns vor jedem Kauf stellen können

- Brauche ich das *wirklich*? Falls ja:
- Kann ich es ausleihen? Falls nein:
- Bekomme ich das auch gebraucht? Falls nein:
- Wie gut ist die Ökobilanz?
- Wurde es unter fairen Arbeitsbedingungen hergestellt?
- Sind tierische Produkte dabei? Falls ja, wie wurden die Tiere gehalten?
- Was passiert damit, wenn ich es nicht mehr benötige? Kann ich es gut verkaufen? Kann es recycelt werden?

Leitfaden für Nahrungsmittel

- Gibt es eine pflanzliche Alternative?
- Werde ich davon ausreichend satt?
- Ist es gesund?
- Ist es biologisch und fair erzeugt?
- Ist es ein regionales/saisonales Erzeugnis?
- Gibt es das auch unverpackt?

Danksagung

Ich möchte allen herzlich danken, die mich bei diesem Buchprojekt unterstützt haben. Ich danke Laura Denke und Clemens Herrmann vom oekom verlag für die vertrauensvolle und gute Zusammenarbeit. Anna Logue möchte ich für die tollen Fotos danken.

Ein ganz großes Dankeschön geht an meine Mutter und Lektorin, die es geschafft hat, aus meinem Manuskript ein richtiges Buch mit rotem Faden zu machen. Vielen Dank für dein gutes Gespür, all die guten Hinweise und die absolut notwendigen Änderungen!

Allen, die mein Manuskript gelesen und mir wertvolles Feedback gegeben haben (Marleen, Coco, Imke, Isabel, Ann-Kathrin, Kathrin, Alex, Waltraud, Karsten, Jürgen und natürlich Jo, der sich seit Jahren durch all die verschiedenen Versionen gelesen hat): vielen herzlichen Dank für Eure Hilfe.

Und natürlich Lotti, Frederik und Paul, die mir jeden Tag aufs Neue zeigen, worauf es im Leben wirklich ankommt. Seit ihr denken könnt, schreibe ich an diesem Buch – jetzt habe ich es endlich geschafft!

Und noch mal Jo, der all das, worüber ich hier geschrieben habe, mitgetragen und mitgemacht hat. Die ganzen Experimente tun mir wirklich leid – ich habe das Gefühl, dass es jetzt nicht mehr ganz umsonst war.

Literatur

1 Wynes, Seth; Nicholas, Kimberly A. (2017): The climate mitigation gap: education and government recommendations miss the most effective individual actions. Environmental Research Letters 12.7 (2017): 074024.

2 Franken, Marcus; Götze, Monika (2017): Einfach Öko. Besser leben, nachhaltig wohnen! 200 Tipps, die wirklich was bringen. oekom verlag, München.

3 ifeu (2020): Ökologische Fußabdrücke von Lebensmitteln und Gerichten in Deutschland. ifeu, Heidelberg. https://www.ifeu.de/fileadmin/uploads/Reinhardt-Gaertner-Wagner-2020-Oekologische-Fu%C3%9Fabdruecke-von-Lebensmitteln-und-Gerichten-in-Deutschland-ifeu-2020.pdf (07.07.2021)

4 ifeu (2016): Klimatarier. Glossar. Wie werden die CO2-Werte von Lebensmitteln berechnet? https://www.klimatarier.com/de/Fragen/Glossar#CO2Lebensmittel (28.12.2020)

5 Wynes, Seth; Nicholas, Kimberly A. (2017): The climate mitigation gap: education and government recommendations miss the most effective individual actions. Environmental Research Letters 12.7 (2017): 074024.

6 Vogue (2021): FORCES FOR CHANGE. From The Archive: When The Duke Of Sussex Interviewed Dr Jane Goodall About The Future Of Sustainability. https://www.vogue.co.uk/article/prince-harry-jane-goodall-september-2019-issue (28.12.2021)

7 Krauthausen, Raul (2018): Der letzte Strohhalm. https://raul.de/allgemein/der-letzte-strohhalm/ (28.12.2021).

8 Rosling, Hans; Rosling Rönnlund, Anna; Rosling, Ola (2018): Factfulness. Wie wir lernen, die Welt so zu sehen, wie sie wirklich ist. Ullstein Buchverlage, Berlin.

9 Moser, Stephanie; Lannen, Anu; Kleinhückelkotten, Silke; Neitzke, Peter; Bilharz, Michael (2016): Gute Absichten, hoher CO2-Ausstoß. Die Rolle privater Haushalte in reichen Ländern. CDE Policy Brief. Centre for Development and Environment, Bern.

10 Stern (2019): Umfrage zum Klimaschutz. Die Wähler welcher Partei fliegen am meisten (und schämen sich am stärksten dafür)? https://www.stern.de/politik/deutschland/gruenen-waehler-fliegen-am-meisten-und-leiden-am-staerksten-unter-flugscham-8805450.html (02.11.2021).

11 Drexel, Christof (2019): Warum Meerschweinchen das Klima retten. Einfache Strategien für eine bessere CO2-Bilanz. Gräfe und Unzer Verlag, München.

12 Ebd.

13 Ebd.

14 UBA (2022): CO2-Rechner des Umweltbundesamtes. Berechnen Sie Ihre aktuelle CO2-Bilanz und optimieren Sie diese für die Zukunft. Umweltbundesamt, Dessau-Roßlau. https://uba.co2-rechner.de/de_DE/ (06.05.2022).

15 myclimate.org (2022): Kompensieren. Stiftung myclimate, Zürich. https://co2.myclimate.org/de/offset_further_emissions (07.07.2022).

16 Papaya & Pommes (2022): Der Klimarechner für deine Küche. Tagesspiegel, Berlin. https://interaktiv.tagesspiegel.de/lab/co2-bilanz-von-essen-der-klimarechner-fuer-deine-kueche/ (06.05.2022).

17 UBA (2021): Konsum und Umwelt. Zentrale Handlungsfelder. Umweltbundesamt, Dessau-Roßlau. https://www.umweltbundesamt.de/themen/wirtschaft-konsum/konsum-umwelt-zentrale-handlungsfelder#bedarfsfelder (06.05.2022).

18 Ebd.

19 Kahneman, Daniel (2012): Schnelles Denken, langsames Denken. Siedler Verlag, München.

20 Ebd.

21 Ebd.

22 Moser, Stephanie; Lannen, Anu; Kleinhückelkotten, Silke; Neitzke, Peter; Bilharz, Michael (2016): Gute Absichten, hoher CO2-Ausstoß: Die Rolle privater Haushalte in reichen Ländern. CDE Policy Brief. Centre for Development and Environment, Bern.

23 Rosling, Hans; Rosling Rönnlund, Anna; Rosling, Ola (2018): Factfulness. Wie wir lernen, die Welt so zu sehen, wie sie wirklich ist. Ullstein Buchverlage, Berlin.

24 Kahneman, Daniel (2012): Schnelles Denken, langsames Denken. Siedler Verlag, München.

25 ecoplus, BOKU, denkstatt, OFI (2020): Lebensmittel – Verpackungen – Nachhaltigkeit. Ein Leitfaden für Verpackungshersteller, Lebensmittelverarbeiter, Handel, Politik & NGOs. Entstanden aus den Ergebnissen des Forschungsprojekts »STOP waste – SAVE food«, Wien.
Europaparlament (2022): Kreislaufwirtschaft: Definition und Vorteile.

26 DIW (2016): Karl Brenke. Home Office. Möglichkeiten werden bei weitem nicht ausgeschöpft. Deutsches Institut für Wirtschaftsforschung e.V. https://www.diw.de/de/diw_01.c.525999.de/wochenberichte/home_office_moeglichkeiten_werden_bei_weitem_nicht_ausgeschoepft.html (07.07.2021).

27 Ifaa (2019): Gutachten zur Mobilen Arbeit. Erstellt im Auftrag der Bundestagsfraktion der Freien Demokratischen Partei (FDP). Institut für angewandte Arbeitswissenschaft e.V., Düsseldorf. https://www.arbeitswissenschaft.net/angebote-produkte/publikationen/azv-pub-gutachten-zur-mobilen-arbeit/ (03.09.2021).

28 Cibelli, Matteo; Cimini, Alessio; Cerchiara, Gabriella; Moresi, Mauro (2021): Carbon footprint of different methods of coffee preparation. Sustainable Production and Consumption, Volume 27, 2021, p. 1614–1625. https://doi.org/10.1016/j.spc.2021.04.004.

29 Franken, Marcus; Götze, Monika (2017): Einfach Öko. Besser leben, nachhaltig wohnen! 200 Tipps, die wirklich was bringen. oekom verlag, München.

30 Drexel, Christof (2019): Warum Meerschweinchen das Klima retten. Einfache Strategien für eine bessere CO2-Bilanz. Gräfe und Unzer Verlag, München.

31 Ebd.

32 Destatis (2021): Presse. 19 Kilogramm mehr Haushaltsabfälle pro Kopf im Corona-Jahr 2020. Statistisches Bundesamt, Wiesbaden. https://www.destatis.de/DE/Presse/Pressemitteilungen/2021/12/PD21_584_321.html;jsessionid=7BAC2DC3DDD7A2F1D209-FA990F692B4F.live722 (06.05.2022).

33 Rosling, Hans; Rosling Rönnlund, Anna; Rosling, Ola (2018): Factfulness. Wie wir lernen, die Welt so zu sehen, wie sie wirklich ist. Ullstein Buchverlage, Berlin.

34 Destatis (2021): Presse. 19 Kilogramm mehr Haushaltsabfälle pro Kopf im Corona-Jahr 2020. Statistisches Bundesamt, Wiesbaden. https://www.destatis.de/DE/Presse/Pressemitteilungen/2021/12/PD21_584_321.html;jsessionid=7BAC2DC3DDD7A2F1D209-FA990F692B4F.live722 (06.05.2022).

35 ifeu (2020): Ökologische Fußabdrücke von Lebensmitteln und Gerichten in Deutschland. ifeu, Heidelberg. https://www.ifeu.de/fileadmin/uploads/Reinhardt-Gaertner-Wagner-2020-Oekologische-Fu%C3%9Fabdruecke-von-Lebensmitteln-und-Gerichten-in-Deutschland-ifeu-2020.pdf (07.07.2021)..

36 VdF (2018): Fruchtsaft-Fakten 2018. Verband der deutschen Fruchtsaft-Industrie e.V., Bonn. https://www.fruchtsaft.de/index.php/download_file/force/1053/366/ (02.11.2021).

37 ifeu (2020): Ökologische Fußabdrücke von Lebensmitteln und Gerichten in Deutschland. ifeu, Heidelberg. https://www.ifeu.de/fileadmin/uploads/Reinhardt-Gaertner-Wagner-2020-Oekologische-Fu%C3%9Fabdruecke-von-Lebensmitteln-und-Gerichten-in-Deutschland-ifeu-2020.pdf (07.07.2021)

38 VdF (2018): Fruchtsaft-Fakten 2018. Verband der deutschen Fruchtsaft-Industrie e.V., Bonn. https://www.fruchtsaft.de/index.php/download_file/force/1053/366/ (02.11.2021).

39 Rosling, Hans; Rosling Rönnlund, Anna; Rosling, Ola (2018): Factfulness. Wie wir lernen, die Welt so zu sehen, wie sie wirklich ist. Ullstein Buchverlage, Berlin.

40 Kahneman, Daniel (2012): Schnelles Denken, langsames Denken. Siedler Verlag, München.

41 Ebd.

42 Quoidbach, Jordi; Gilbert, Daniel T.; Wilson, Timothy D. (2013): The end of history illusion. science 339.6115 (2013): 96–98.

43 Kopatz, Michael (2019): Schluss mit der Ökomoral! Wie wir die Welt retten, ohne ständig daran zu denken. oekom verlag, München.

44 Ebd.

45 UBA (2021): Emissionen des Verkehrs. Umweltbundesamt, Dessau-Roßlau. https://www.umweltbundesamt.de/daten/verkehr/emissionen-des-verkehrs#-das-mehr-an-pkw-verkehr-hebt-den-fortschritt-auf (28.12.2021).

46 Kahneman, Daniel (2012): Schnelles Denken, langsames Denken. Siedler Verlag, München.

47 Ebd.

48 Ebd.

49 BMEL (2021): Lebensmittelabfälle in Deutschland. Aktuelle Studie über Höhe der Lebensmittelabfälle nach Sektoren. Bundesministerium für Ernährung und Landwirtschaft, Berlin. https://www.bmel.de/DE/themen/ernaehrung/lebensmittelverschwendung/studie-lebensmittelabfaelle-deutschland.html (06.05.2022).

50 Jarlsdotter, Eva (2015): From Frustration to flow with lean@home. Daughter of a King Publishing, Stockholm.

51 Jarlsdotter, Eva; Guttenberg, Jeanette (2017): Leb' doch einfach – und wie man's macht. Daughter of a King Publishing, Stockholm.

52 Jarlsdotter, Eva (2015): From Frustration to flow with lean@home. Daughter of a King Publishing, Stockholm.

53 Fogg, BJ (2021): Die Tiny Habits®-Methode. Kleine Schritte, große Wirkung. Penguin Random House Verlagsgruppe, München.

54 Ebd.

55 Ebd.

56 Ebd.

57 Haynes, A.B.; Weiser, T.G.; Berry, W.R.; Lipsitz, S.R.; Breizat, A.H.S.; Dellinger, E.P.; et al. (2009): A surgical safety checklist to reduce morbidity and mortality in a global population. New England journal of medicine, 360(5), 491–499.

58 Herrmann, Christof (2020): Das Minimalismus-Projekt. 52 praktische Ideen für weniger Haben und mehr Sein. Gräfe und Unzer Verlag, München.

59 Drexel, Christof (2019): Warum Meerschweinchen das Klima retten. Einfache Strategien für eine bessere CO2-Bilanz. Gräfe und Unzer Verlag, München.

60 Ebd.

61 Ebd.

62 Destatis (2022): Qualität der Arbeit. Wöchentliche Arbeitszeit. Statistisches Bundesamt, Wiesbaden. https://www.destatis.de/DE/Themen/Arbeit/Arbeitsmarkt/Qualitaet-Arbeit/Dimension-3/woechentliche-arbeitszeitl.html;jsessionid=FCB27635E52E47F2E157AC2066115E47.live722 (07.07.2022).

63 Dinh, Huong; Strazdins, Lyndall; Welsh, Jennifer (2017): Hour-glass ceilings: Work-hour thresholds, gendered health inequities, Social Science & Medicine, Volume 176, 2017, p. 42–51. https://doi.org/10.1016/j.socscimed.2017.01.024.

64 Herrmann, Christof (2020): Das Minimalismus-Projekt. 52 praktische Ideen für weniger Haben und mehr Sein. Gräfe und Unzer Verlag, München.

65 Moser, Stephanie; Lannen, Anu; Kleinhückelkotten, Silke; Neitzke, Peter; Bilharz, Michael (2016): Gute Absichten, hoher CO2-Ausstoß. Die Rolle privater Haushalte in reichen Ländern. CDE Policy Brief. Centre for Development and Environment, Bern.

66 UBA (2021b): Konsum und Umwelt. Zentrale Handlungsfelder. Umweltbundesamt, Dessau-Roßlau. https://www.umweltbundesamt.de/themen/wirtschaft-konsum/konsum-umwelt-zentrale-handlungsfelder#bedarfsfelder (06.05.2022).

67 Bader, Christoph; Hanbury, Hugo; Neubert, Sebastian; Moser, Stephanie (2020): CDE Working Paper: Weniger ist mehr. Der dreifache Gewinn einer Reduktion der Erwerbsarbeitszeit. Weniger arbeiten als Transformationsstrategie für eine ökologischere, gerechtere und zufriedenere Gesellschaft – Implikationen für die Schweiz. https://boris.unibe.ch/144160/ (26.08.2021).

68 TED (2020): What is the ideal age to retire? Never, according to a neuroscientist. https://ideas.ted.com/what-is-the-ideal-age-to-retire-never-according-to-a-neuroscientist/ (28.12.2021).

69 Drexel, Christof (2019): Warum Meerschweinchen das Klima retten. Einfache Strategien für eine bessere CO2-Bilanz. Gräfe und Unzer Verlag, München.

70 Csikszentmihalyi, Mihaly; Hunter, Jeremy (2003): »Happiness in everyday life: The uses of experience sampling.« Journal of happiness studies 4.2 (2003): p. 185–199.

71 Sharif, Marissa; Mogilner, Cassie; Hershfield, Hal (2018): »The Effects of Being Time Poor and Time Rich on Life Satisfaction.« ACR North American Advances, https://www.acrwebsite.org/volumes/2411712/volumes/v46/NA-46 (02.11.2021).

72 Wallman, James (2019): Time and How to Spend It. The 7 Rules for Richer, Happier Days. Ebury Publishing, London.

73 Grunewald, Mara (2016): Lebenszufriedenheit. Zufriedenheit von Kleinkindern. Vorlesen macht klug und glücklich. No. 80.2016. IW-Kurzbericht. https://www.econstor.eu/handle/10419/157586 (03.09.2021)

74 Dobelli, Rolf (2017): Die Kunst des guten Lebens. 52 überraschende Wege zum Glück. Piper Verlag, München.

75 Kauertz, B.; Schlecht, S.; Markwardt, S.; Knappe, F.; Reischl, S.; Pauer, G. et al. (2019): Untersuchung der ökologischen Bedeutung von Einweggetränkebechern im Außer-Haus-

Verzehr und mögliche Maßnahmen zur Verringerung des Verbrauchs. Umweltbundesamt, ifeu, IÖW, GVM, Klimaschutz+ Stiftung.

76 Ebd.

77 Ebd.

78 NDR (2020): Wegwerfmode. Was passiert mit Altkleidern? Norddeutscher Rundfunk, Hamburg. https://www.ndr.de/ratgeber/verbraucher/Wegwerfmode-Was-passiert-mit-Altkleidern,kleidung170.html (02.01.2022).

79 Bitkom e.V. (2021): Deutsche horten fast 200 Millionen Alt-Handys. https://www.bitkom.org/Presse/Presseinformation/Deutsche-horten-fast-200-Millionen-Alt-Handys. Bitkom e.V., Berlin (07.07.2022).

80 Dobelli, Rolf (2012): Die Kunst des klugen Handelns. 52 Irrwege, die Sie besser anderen überlassen. Carl Hanser Verlag, München.

81 DGVN (2016): Klimagerechtigkeit und Geschlecht. Warum Frauen besonders anfällig für Klimawandel & Naturkatastrophen sind. Deutsche Gesellschaft für die Vereinten Nationen e.V., Berlin. https://dgvn.de/meldung/klimagerechtigkeit-und-geschlecht-warum-frauen-besonders-anfaellig-fuer-klimawandel-naturkatastroph/ (28.12.2021).

82 Ebd.

83 Gunda-Werner-Institut/Heinrich-Böll-Stiftung (2020): Ohne geht's nicht. Klimagerechtigkeit braucht Feminismus. https://www.gwi-boell.de/de/2020/11/06/ohne-gehts-nicht-klimagerechtigkeit-braucht-feminismus (28.12.2021).

84 McLeod, Saul (2007): Maslow's hierarchy of needs. Simply psychology 1.1-18 (2007). https://canadacollege.edu/dreamers/docs/Maslows-Hierarchy-of-Needs.pdf (28.12.2021).

85 Prinz, Aloys; Pawelzik, Markus (2006): Warum macht Konsum nicht glücklich? na, 2006. https://www.researchgate.net/profile/Markus-Pawelzik-2/publication/266213635_Warum_macht_Konsum_nicht_glucklich/links/54b79f8d0cf24eb34f6ec2d5/Warum-macht-Konsum-nicht-gluecklich.pdf (07.07.2022).

86 KLUG (2021): Klimaneutraler Gesundheitssektor. Deutsche Allianz Klimawandel und Gesundheit e.V., Berlin. https://www.klimawandel-gesundheit.de/klimaneutralitaet/ (06.05.2022).

87 BUND (2021): Klimaschutz im Gesundheitswesen. Mit 250 Kliniken in eine nachhaltige Zukunft – BUND e.V., https://www.bund.net/service/presse/pressemitteilungen/detail/news/klimaschutz-im-gesundheitswesen-mit-250-kliniken-in-eine-nachhaltige-zukunft/ (07.07.2022).

88 HCWH (2019): Health Care's Climate Footprint. How the Health Sector Contributes to the Global Climate Crisis and Opportunities for Action. Produced in collaboration with Arup. Health Care Without Harm. https://www.arup.com/perspectives/publications/research/section/healthcares-climate-footprint (02.11.2021).

89 atmosfair (2020): Klimawirkung des Flugverkehrs. atmosfair, Berlin. https://www.atmosfair.de/de/fliegen_und_klima/flugverkehr_und_klima/klimawirkung_flugverkehr/ (02.11.2021).

90 KLUG (2022): Aufklärung und Agendasetting. Deutsche Allianz Klimawandel und Gesundheit e.V., Berlin. https://www.klimawandel-gesundheit.de/aufklarung-und-agendasetting/ (23.06.2022).

91 Süddeutsche (2022): Von wegen »Fachkräftemangel«. Dieses System ist krank. Süddeutsche Zeitung, München. https://www.sueddeutsche.de/kultur/gesundheitssystem-personalmangel-privatisierungen-1.5531232?reduced=true&fbclid=IwAR3pGM66A3orYeR-8qBInb2EgApAunpjOqz1tdcq6St89Al8egkfMQZTV68Q (07.07.2022).

92 Ebd.

93 TK (2021): Pressemitteilung aus Baden-Württemberg. Acht von zehn Rückenoperationen sind unnötig. Techniker Krankenkasse, Hamburg. https://www.tk.de/presse/themen/medizinische-versorgung/ambulante-versorgung/ruecken-operation-zweitmeinung-2102746 (06.05.2022).

94 Bertelsmann-Stiftung (2019): Überversorgung schadet den Patienten. Bertelsmann-Stiftung, Gütersloh. https://www.bertelsmann-stiftung.de/de/themen/aktuelle-meldungen/2019/november/ueberversorgung-schadet-den-patienten (06.05.2022).

95 Ebd.

96 https://mother-hood.de/informieren/kaiserschnittrate-suche/ (03.09.2021).

97 https://www.gerechte-geburt.de/wissen/gewalt-in-der-geburtshilfe/ (28.12.2021).

98 Detzel, Andreas; Bender, Carolin; Ettinger, Tamara; Schmidt, Alina; Kauertz, Benedikt (2021): Verpackungen für Textilwaschmittel. Ökologie, Abfall, Handhabung – Kurzauswertung. ifeu, Heidelberg.

99 Kopatz, Michael (2019): Schluss mit der Ökomoral! Wie wir die Welt retten, ohne ständig daran zu denken. oekom verlag, München.

100 Ebd.

101 Tagesschau (2022): Spanien spart Energie. Klimaanlagen höher, Licht aus, Türen zu. NDR, Hamburg. https://www.tagesschau.de/wirtschaft/weltwirtschaft/spanien-energie-sparmassnahmen-101.html (08.08.2022).

102 Tagesschau (2022): EU-Notfallplan. Deutschland muss am meisten Gas sparen. NDR, Hamburg. https://www.tagesschau.de/wirtschaft/konjunktur/sparmassnahmen-gaskrise-gas-eu-notfallplan-bdi-industrie-familien-kilowattstunden-gasmenge-101.html (08.08.2022).

103 Ebd.

104 Rosling, Hans; Rosling Rönnlund, Anna; Rosling, Ola (2018): Factfulness. Wie wir lernen, die Welt so zu sehen, wie sie wirklich ist. Ullstein Buchverlage, Berlin.

105 Gapminder (2022): Bubbles. Gapminder Foundation, Stockholm. https://www.gapminder.org/tools/#$chart-type=bubbles&url=v1 (23.06.2022).

106 Rosling, Hans; Rosling Rönnlund, Anna; Rosling, Ola (2018): Factfulness. Wie wir lernen, die Welt so zu sehen, wie sie wirklich ist. Ullstein Buchverlage, Berlin.

107 Gates, Bill (2021): Wie wir die Klimakatastrophe verhindern. Welche Lösungen es gibt und welche Fortschritte nötig sind. Piper Verlag, München.

108 Pickett, Kate; Richard, Wilkinson (2012): Gleichheit ist Glück. Warum gerechte Gesellschaften für alle besser sind. Haffmans & Tolkemitt, Berlin.

109 Data Commons (2022): Volksrepublik China. Übersicht. https://datacommons.org/place/country/CHN?utm_medium=explore&mprop=amount&popt=Emissions&cpv=emittedThing%2CCarbonDioxide&hl=de (06.05.2022).

110 Rosling, Hans; Rosling Rönnlund, Anna; Rosling, Ola (2018): Factfulness. Wie wir lernen, die Welt so zu sehen, wie sie wirklich ist. Ullstein Buchverlage, Berlin.

111 Utopia (2020): Bei Lanz: Luisa Neubauer nimmt Klima-Ausreden von Merz auseinander. Utopia GmbH, München. https://utopia.de/markus-lanz-luisa-neubauer-friedrich-merz-klimapolitik-192757/ (28.12.2021).

112 Ebd.

113 bpb (2017): Kumulative CO_2-Emissionen 1850–2011. Kumulative Emissionen sind die gesamten historischen Emissionen eines Landes und zeigen die Verantwortung für den

Klimawandel. Bundeszentrale für politische Bildung, Bonn. https://www.bpb.de/themen/umwelt/anthropozaen/248861/kumulative-co2-emissionen-1850-2011/ (02.11.2021).

114 Rosling, Hans; Rosling Rönnlund, Anna; Rosling, Ola (2018): Factfulness. Wie wir lernen, die Welt so zu sehen, wie sie wirklich ist. Ullstein Buchverlage, Berlin.

115 Kopatz, Michael (2019): Schluss mit der Ökomoral! Wie wir die Welt retten, ohne ständig daran zu denken. oekom verlag, München.

116 Ebd.

117 Koplow, Doug; Steenblik, Ronald (2022): Protecting Nature by Reforming Environmentally Harmful Subsidies: The Role of Business. Earth Track, Cambridge, MA.

118 Europäisches Parlament (2022): Kreislaufwirtschaft. Definition und Vorteile. Europäisches Parlament, Straßburg. https://www.europarl.europa.eu/news/de/headlines/economy/20151201STO05603/kreislaufwirtschaft-definition-und-vorteile (10.05.2022).

119 MacKinnon, J.B. (2021): Der Tag, an dem wir aufhören zu shoppen. Wie ein Ende der Konsumkultur uns selbst und die Welt rettet. Penguin Random House Verlagsgruppe, München.

120 BMBF (2021): Das Potential des Ozeans als CO2-Speicher nachhaltig nutzen. https://www.bmbf.de/bmbf/shareddocs/kurzmeldungen/de/2021/07_08/ozean-als-co2-speicher.html#:~:text=Der%20Ozean%20speichert%20schon%20heute,der%20Ozean%20als%20gewaltiger%20W%C3%A4rmepuffer. (26.08.2021).

121 Sala, E.; Mayorga, J.; Bradley, D. et al. (2021): Protecting the global ocean for biodiversity, food and climate. Nature 592, 397–402 (2021). https://doi.org/10.1038/s41586-021-03371-z.

122 Aves, Alex R.; Revell, Laura E.; Gaw, Sally et al. (2022): The Cryosphere, 16, 2127–2145, https://doi.org/10.5194/tc-16-2127-2022.

123 Foer, Jonathan Safran (2019): Wir sind das Klima! Wie wir unseren Planeten schon beim Frühstück retten können. Kiepenheuer & Witsch, Köln.